Bibliografische Information der Deutschen Nationalbibliothek:

Die Deutsche Bibliothek verzeichnet diese Publikation in der Deutschen National-
bibliografie; detaillierte bibliografische Daten sind im Internet über http://dnb.d-
nb.de/ abrufbar.

Impressum:

Copyright © 2013 GRIN Verlag, Open Publishing GmbH
Druck und Bindung: Books on Demand GmbH, Norderstedt Germany
ISBN: 978-3-668-00590-7

Dieses Buch bei GRIN:

http://www.grin.com/de/e-book/302083/reelle-analysis-in-mehreren-variablen-und-
komplexe-analysis-in-einer-variable

Birgit Bergmann

Reelle Analysis in mehreren Variablen und komplexe Analysis in einer Variable

Mehrdimesionale Analysis für Lehramtskandidaten

GRIN Verlag

GRIN - Your knowledge has value

Der GRIN Verlag publiziert seit 1998 wissenschaftliche Arbeiten von Studenten, Hochschullehrern und anderen Akademikern als eBook und gedrucktes Buch. Die Verlagswebsite www.grin.com ist die ideale Plattform zur Veröffentlichung von Hausarbeiten, Abschlussarbeiten, wissenschaftlichen Aufsätzen, Dissertationen und Fachbüchern.

Besuchen Sie uns im Internet:

http://www.grin.com/

http://www.facebook.com/grincom

http://www.twitter.com/grin_com

Universität Wien

Fakultät für Mathematik

Reelle Analysis in mehreren und komplexe Analysis in einer Variable für LAK (RAimukAieVfLAK)

abgetippt von:

Birgit Bergmann

Sommersemester 2013

Inhaltsverzeichnis

5 FUNKTIONENFOLGEN UND -REIHEN

5.1 § 1 PUNKTWEISE UND GLEICHMÄSSIGE KONVERGENZ

5.1.1 Definitionen

Funktionenfolge

Sei M eine Menge von Funktionen, die alle auf $A \subseteq \mathbb{C}$ definiert sind und Werte in $\mathbb{R}$ [$\mathbb{C}$] annehmen. Eine Folge in M heißt Funktionenfolge auf A. Wir schreiben für die Folge meist $(f_n)_{n \in \mathbb{N}}$, $(f_n)_n$ oder (f_n)

Punktweise Konvergenz

Eine Funktionenfolge $(f_n)_n$ auf A konvergiert punktweise gegen eine Funktion $f : A \to \mathbb{R}$ [$\mathbb{C}$], falls

$$\forall x \in A \; \forall \varepsilon > 0 \; \exists N(\varepsilon, x) \; \forall n \geq N : |f_n(x) - f(x)| < \varepsilon$$

Gleichmäßige Konvergenz

Eine Funktionenfolge auf $A \subseteq \mathbb{C}$ konvergiert gleichmäßig gegen $f : A \to \mathbb{R}$ [$\mathbb{C}$], falls

$$\forall \varepsilon > 0 \; \exists N(\varepsilon) \; \forall n \geq N \; \forall x \in A : |f_n(x) - f(x)| < \varepsilon$$

$\|\cdot\|_\infty$

Sei $A \subseteq \mathbb{C}$ und $f : A \to \mathbb{R}$ [$\mathbb{C}$]. Wir definieren die Unendlichnorm oder Supremumsnorm von f auf A als

$\|f\|_{\infty,A} := \sup\limits_{x \in A} |f(x)|$ und setzen $\|f\|_{\infty,A} = \infty$, falls f unbeschränkt auf A ist.

1-Norm, 2-Norm

$$\|f\|_1 := \int_a^b |f(x)| \, dx$$
$$\|f\|_2 := \sqrt{\int_a^b |f(x)|^2 \, dx}$$

5.1.2 Sätze mit Beweisen

Theorem: Gleichmäßige Konvergenz und Stetigkeit

Sei (f_n) eine Folge stetiger Funktionen auf A ($\subseteq \mathbb{C}$). Falls $f_n \to f$ gleichmäßig, dann ist f stetig auf A.

<u>Beweis:</u> (klassischer $\varepsilon/3$-Beweis)

Sei $x \in A$, z.z. f stetig in x

Sei $\varepsilon > 0$: $f_n \overset{\text{glm}}{\to} f \Rightarrow \exists N \; \forall x \in A : |f_N(x) - f(x)| < \dfrac{\varepsilon}{3}$ $(\star)$

f_N stetig $\Rightarrow \exists \delta > 0 \; \forall x' \in A$ mit $|x - x'| < \delta \Rightarrow |f_N(x) - f_N(x')| < \dfrac{\varepsilon}{3}$ $(\star\star)$

$\Rightarrow \forall x' \in A$ mit $|x - x'| < \delta: |f(x) - f(x')| \leq |f(x) - f_N(x)| + |f_N(x) - f_N(x')| + |f_N(x') - f(x')| \overset{(*),(**)}{<}$

$\frac{\varepsilon}{3} + \frac{\varepsilon}{3} + \frac{\varepsilon}{3} = \varepsilon \; \square$

Theorem: Satz von Weierstraß

Sei (f_n) eine Funktionenfolge $A \subseteq \mathbb{C}$. Falls die Reihe $\sum_{k=0}^{\infty} \|f_k\|_\infty$ konvergiert, dann gilt:

(i) Für alle $x \in A$ konvergiert $\sum_{k=0}^{\infty} f_k(x)$ absolut

(ii) Sei $F(x) := \sum_{k=0}^{\infty} f_k(x)$, dann konvergiert $\sum_{k=0}^{n} f_k \to F$ gleichmäßig

<u>Beweis:</u>

(i) Wir zeigen, dass $\sum_{k=0}^{\infty} f_k(x) \; \forall x$ absolut konvergent

Sei $x \in A$, $k \in \mathbb{N}$. Dann gilt laut Definition $|f_k(x)| \leq \|f_k\|_\infty \overset{VQR}{\Rightarrow} \sum \|f\|_\infty$ ist konvergente Majorante für

$\sum |f_k(x)| \Rightarrow \sum |f_k(x)|$ konvergent

(ii) (1) Gewinnen eines Kandidaten für den gleichmäßigen Limes $\overset{(i)}{\Rightarrow} \sum |f_k(x)|$ konvergent $\forall x \Rightarrow \sum f_k(x)$ konvergent $\forall x$

Wir können daher für $x \in A$ definieren $F(x) := \sum_{k=0}^{\infty} f_k(x)$

(2) Wir zeigen $F_n := \sum_{k=0}^{n} f_k \to F$ gleichmäßig

Sei $\varepsilon > 0$

$\sum_{k=0}^{\infty} \|f_k\|_\infty$ konvergent $\overset{CP}{\Rightarrow} \exists N \; \forall n \geq N \; \sum_{k=n+1}^{\infty} \|f_k\|_\infty < \varepsilon$

Sei $\boldsymbol{x \in A}$, dann gilt $\forall \boldsymbol{n \geq N}: |\boldsymbol{F(x) - F_n(x)}| = \left| \sum_{k=n+1}^{\infty} f_k(x) \right| \leq \sum_{k=n+1}^{\infty} |f_k(x)| \leq \sum_{k=n+1}^{\infty} \|f_k\|_\infty < \varepsilon$

Also $F_n \to F$ gleichmäßig $\square$

Proposition: Vertauschen von Limes und Integral

Sei $f_n : [a, b] \to \mathbb{R}$ eine **gleichmäßig konvergente** Folge stetiger Funktionen. Dann gilt:

$$\int_a^b \left(\lim_{n \to \infty} f_n \right)(t) dt = \lim_{n \to \infty} \left(\int_a^b f_n(t) \, dt \right)$$

<u>Beweis:</u>

Wir setzen $f(x) = \lim_{n \to \infty} f_n(x) \Rightarrow f$ stetig auf $[a, b] \Rightarrow f_n, f$ Riemann-Integrierbar auf $[a, b]$

Schließlich gilt:

$$\left| \int_a^b f(t) \, dt - \int_a^b f_n(t) \, dt \right| \leq \int_a^b |f(t) - f_n(t)| \, dt \leq (b - a) \|f - f_n\|_{\infty, [a,b]} \to 0 \quad \square$$

Proposition: Vertauschen von Limes und Ableitung

Sei $f_n : [a, b] \to \mathbb{R}$ eine Folge stetig differenzierbarer Funktionen. Sei f_n **punktweise konvergent** gegen $f : [a, b] \to \mathbb{R}$ und sei die Folge der Ableitungen $(f_n')_n$ gleichmäßig konvergent. Dann gilt: f ist stetig differenzierbar und es gilt

$$f' = \left(\lim_{n \to \infty} f_n \right)' = \lim_{n \to \infty} (f_n')$$

Beweis:

Wir setzen $g(x) = \lim_{n \to \infty} f_n'(x) \Rightarrow g : [a, b] \to \mathbb{R}$ stetig $(\star)$

f_n stetig differenzierbar $\overset{\text{HsDI}}{\Rightarrow} \forall x \in [a, b], \forall n : f_n(x) = f_n(a) + \int_a^x f_n'(t) dt$

$f_n' \to g$ gleichmäßig $\overset{(n \to \infty)}{\Rightarrow} f(x) = f(a) + \int_a^x g(t)\, dt \overset{\text{HsDI}}{\Rightarrow} f'(x) = 0 + g(x) \Rightarrow f' = g$

insbesondere $f \in \mathcal{C}^1$ wegen $(\star)$ $\square$

5.2 § Z ZWISCHENSPIEL: SÄGEZAHN- UND HAIFISCHZAHNFUNKTION

5.2.1 Definitionen

Sägezahnfunktion

Wir definieren $S : \mathbb{R} \to \mathbb{R}$ als periodische Fortsetzung von $\dfrac{\pi - x}{2}$.

So erhalten wir die sogenannte Sägezahnfunktion und es gilt

$$\sum_{k=1}^{\infty} \frac{\sin(kx)}{k} = S(x) = \begin{cases} 0 & x = 0 \\ \dfrac{\pi - x}{2} & 0 < x < 2\pi \\ \dfrac{\pi - x}{2} & 2n\pi \leq x \leq 2n\pi + 2\pi \end{cases} \quad \text{punktweise konvergent } \forall x \in \mathbb{R}$$

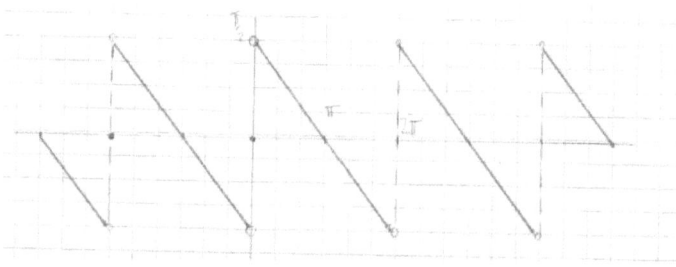

Abbildung 1: Sägezahnfunktion

Haifischzahnfunktion

Wir definieren $H : \mathbb{R} \to \mathbb{R}$ als periodische Fortsetzung von $\left(\dfrac{\pi - x}{2}\right)^2 - \dfrac{\pi^2}{12}$

So erhalten wir die sogenannte Haifischzahnfunktion und es gilt:

$$\sum_{k=1}^{\infty} \frac{\cos(kx)}{k^2} = H(x) = \begin{cases} \left(\dfrac{\pi - x}{2}\right)^2 - \dfrac{\pi^2}{12} & 0 \leq x \leq 2\pi \\ \left(\dfrac{\pi - x}{2}\right)^2 - \dfrac{\pi^2}{12} & 2n\pi \leq x \leq 2n\pi + 2\pi \end{cases} \quad \text{gleichmäßig konvergent auf } \mathbb{R}$$

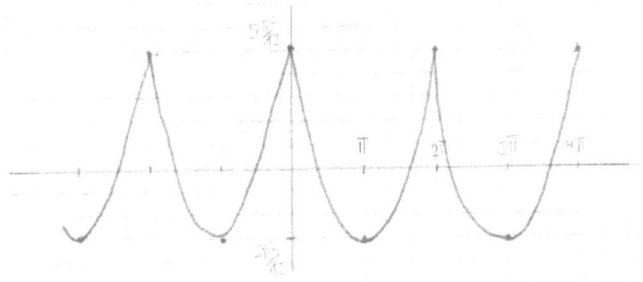

Abbildung 2: Haifischzahnfunktion

5.2.2   Sätze mit Beweisen

Satz: Lemma von Riemann-Lebesgue

Sei $f \in \mathcal{C}^1([a,b], \mathbb{R})$. Für $k \in \mathbb{R}$ definieren wir $F(k) := \displaystyle\int_a^b f(x)\sin(kx)dx$. Dann gilt $\displaystyle\lim_{|k| \to \infty} F(k) = 0$

Beweis:

laut Voraussetzung f, f' stetig auf $[a, b]$

$\Rightarrow f, f'$ beschränkt auf $[a, b]$, d.h. $\exists M > 0 : \|f\|_{\infty, [a,b]} \leq M, \|f'\|_{\infty, [a,b]} \leq M \ (\star)$

Sei $k \neq 0$, dann gilt $F(k) = \displaystyle\int_a^b f(x)\sin(kx)dx \overset{P.I.}{=} f(x)\dfrac{-\cos(kx)}{|k|}\Big|_a^b + \dfrac{1}{|k|}\int_a^b f'(x)\cos(kx)dx$

$|F(k)| \overset{|\cos(x)| \leq 1}{\leq} \dfrac{1}{|k|}|f(x)|\Big|_a^b + \dfrac{1}{|k|}\int_a^b |f'(x)|\,dx \overset{(\star)}{\leq} \dfrac{2M}{|k|} + \dfrac{1}{|k|}(b-a)\|f'\|_\infty \leq \dfrac{2M}{|k|} + \dfrac{(b-a)}{|k|}M \overset{(|k| \to \infty)}{\to} 0 \ \square$

Lemma: Eine trigonometrische Summenformel

Sei t kein ganzzahliges Vielfaches von 2π. Dann gilt $\forall n \in \mathbb{N} : \dfrac{1}{2} + \displaystyle\sum_{k=1}^{n} \cos(kt) = \dfrac{\sin\left(\left(n + \frac{1}{2}\right)t\right)}{2\sin\left(\frac{1}{2}t\right)}$

5.3 § 2 POTENZREIHEN

5.3.1 Definitionen

Potenzreihe

Sei $(c_k)_{k \in \mathbb{N}}$ eine Folge in $\mathbb{C}$, sei $z_0 \in \mathbb{C}$ ($z \in \mathbb{C}$). Wir nennen den Ausdruck $\sum_{k=0}^{\infty} c_k (z - z_0)^k$ eine Potenzreihe mit Entwicklungskoeffizient c_k und Entwicklungspunkt z_0.

Konvergenzradius

Für eine Potenzreihe $\sum c_k (z - z_0)^k$ definieren wir den Konvergenzradius R als

$$R := \sup \left\{ r \in [0, \infty) : \sum_{k=0}^{n} c_k (z - z_0)^k \text{ konvergent in } K_r(z_0) \right\}$$

5.3.2 Sätze mit Beweisen

Proposition: Konvergenz von Potenzreihen - zum Ersten

Sei $\sum_{k=0}^{\infty} c_k (z - z_0)^k$ eine Potenzreihe, die im Punkt $z_1 \in \mathbb{C}$ konvergiert und sei $0 < r < |z_0 - z_1|$ dann gilt:

(i) $\sum_{k=0}^{\infty} c_k (z - z_0)^k$ konvergiert absolut und gleichmäßig für $z \in K_r(z_0)$

(ii) Die formal gliedweise differenzierte Reihe $\sum_{k=0}^{\infty} k c_k (z - z_0)^{k-1}$ konvergiert ebenfalls absolut und gleichmäßig auf $K_r(z_0)$

Beweis: (Anwendung des Konvergenzsatzes von Weierstraß)

(i) Wir setzen $f_n(z) = c_n (z - z_0)^n$ ($n \in \mathbb{Z}, z \in K_r(z_0)$). Dann gilt:

$$|f_n(z)| = |c_n| |z - z_0|^n = |c_n| |z_1 - z_0|^n \left(\frac{|z - z_0|}{|z_1 - z_0|} \right)^n \ (\star)$$

und $\frac{|z - z_0|}{|z_1 - z_0|} \leq \frac{r}{|z_1 - z_0|} =: \theta < 1$

laut Voraussetzung konvergiert $\sum_{n=0}^{\infty} c_n (z_1 - z_0)^n \Rightarrow c_n (z_1 - z_0)^n \to 0 \Rightarrow \exists M : |c_n| |z_1 - z_0|^n < M \ \forall n \in \mathbb{N}$

$\overset{(\star),(\star\star)}{\Rightarrow} |f_n(z)| \leq M\theta^n \ \forall z \in K_r(z_0) \ \forall n \in \mathbb{N} \Rightarrow \|f_n\|_{\infty, K_r(z_0)} = \sup_{z \in K_r(z_0)} |f_n(z)| \leq M\theta^n \Rightarrow \sum \|f_n\|_{\infty, K_r(z_0)}$ konvergent $\overset{\text{Weierstraß}}{\Rightarrow} \sum_{n=0}^{\infty} c_n (z - z_0)^n$ konvergiert auf $K_r(z_0)$ absolut und gleichmäßig

(ii) [ganz ähnlich] Setze $g_n(z) = c_n n (z - z_0)^{n-1} = f_n'(z) \overset{\text{wie in }(i)}{\Rightarrow} \|g_n\|_{\infty} \leq n M \theta^{n-1} \overset{\text{Vergl.Test}}{\Rightarrow} \sum \|g_n\|_{\infty}$ konvergiert $\overset{\text{Weierstraß}}{\Rightarrow} \sum g_n$ konvergiert absolut und gleichmäßig auf $K_r(z_0)$ $\square$

Proposition: Konvergenz von Potenzreihen - Zum Zweiten

Sei R der Konvergenzradius der Potenzreihe $\sum c_k (z - z_0)^k$. Dann gilt:

(i) Ist $R = 0$, dann konvergiert die Potenzreihe wie im Punkt z_0

(ii) Ist $R = \infty$, dann konvergiert die Potenzreihe für alle $z \in \mathbb{C}$ und gleichmäßig auf jeder abgeschlossenen Kreisscheibe $K_r (z_0)$ $[0 < r < \infty]$

(iii) Ist $0 < R < \infty$, dann

• konvergiert die Potenzreihe $\forall z \in \mathbb{C}$ mit $|z - z_0| < R$, also auf $B_R (z_0)$ und die Konvergenz ist gleichmäßig auf jeder abgeschlossenen Kreisscheibe $K_r (z_0)$ mit $0 < r < R$

• divergiert die Potenzreihe $\forall z \in \mathbb{C}$ mit $|z - z_0| > R$

Beweis: [Umformulierung von "Konvergenz für Potenzreihen - Zum Ersten"]

(i) $R = 0$; klar nach Definition von $\mathbb{R}$

(ii) $R = \infty$; klar wegen Konvergenz von Potenzreihen

(iii) • Sei $z \in \mathbb{C}$ mit $|z - z_0| < R \Rightarrow \exists z_1 \in \mathbb{C}$ mit $|z - z_0| < |z - z_1| < R \overset{\text{Def KR}}{\Rightarrow}$ Potenzreihe konvergiert in $z_1 \Rightarrow$ Potenzreihe konvergiert in z [$\nexists$ "Konvergenzlücken"].

Sei $0 < r < R \Rightarrow \exists z_1 \in \mathbb{C}$ $r < |z_1 - z_0| < R \overset{\text{Def KR}}{\Rightarrow}$ Potenzreihe konvergiert in $z_1 \Rightarrow$ Potenzreihe konvergiert gleichmäßig und absolut auf $K_r (z_0)$

• Sei schließlich $z \in \mathbb{C}$ mit $|z - z_0| > R \Rightarrow$ Potenzreihe kann in z_0 nicht konvergieren sonst Widerspruch zur Definition des Konvergenzradius $\square$

Proposition: Berechnung des Konvergenzradius

Sei R der Konvergenzradius der Potenzreihe $\sum c_k (z - z_0)^k$

(i) Es gilt (die Formel von Hadamard): $\frac{1}{R} = \lim\sup |c_n|^{1/n}$, wobei wir $R = 0$ setzen, falls $\lim_{n \to \infty} \sup |c_n|^{1/n} = \infty$ und $R = \infty$, falls $\lim_{n \to \infty} \sup |c_n|^{1/n} = 0$

(ii) Falls $\left| \frac{c_n}{c_{n+1}} \right|$ konvergiert, dann gilt: $R = \lim_{n \to \infty} \left| \frac{c_n}{c_{n+1}} \right|$

Beweis:

Wir schreiben $\sum c_n (z - z_0)^n = \sum a_n$

(i) [Anwendung des Wurzeltests]

Sei $L := \lim_{n \to \infty} \sup |c_n|^{1/n} \in (0, \infty)$. Es gilt $|a_n|^{1/n} = |c_n|^{1/n} |z - z_0|$

Wir zeigen:

(1) $\frac{1}{L} \leq R$: Sei $|z - z_0| \leq r < \frac{1}{L} \Rightarrow \lim_{n \to \infty} \sup |a_n|^{1/n} = L|z - z_0| \leq L \cdot r < 1 \Rightarrow |a_n|^{1/n} < 1$ für fast alle n

$\overset{\text{Wurzeltest}}{\Rightarrow} \sum a_n$ konvergiert $\Rightarrow \frac{1}{L} \leq R$

(2) $\frac{1}{L} \geq R$: Sei $|z - z_0| \geq \frac{C}{L}$ wobei $C > 1 \Rightarrow \lim_{n\to\infty} \sup |a_n|^{1/n} = L |z - z_0| \geq C > 1 \Rightarrow |a_n|^{1/n} > 1$ für

unendlich viele n $\overset{\text{Wurzeltest}}{\Rightarrow} \sum a_n$ divergiert $\overset{C>1 \text{ bel.}}{\Rightarrow} R \leq \frac{1}{L}$

Also gilt $R = \frac{1}{L}$ für $L \in (0, \infty)$. In Grenzfällen gilt:

$L = 0$; setze in (1) $r > 0$ beliebig $\Rightarrow R = \infty$

$L = \infty$; setze in (2) $|z - z_0| \geq \varepsilon > 0 \Rightarrow R = 0$

(ii) [Anwendung des Quotiententest]

Sei $\varrho = \lim_{n\to\infty} \left| \frac{c_n}{c_{n+1}} \right|$ dann gilt $\left| \frac{a_{n+1}}{a_n} \right| = \left| \frac{c_{n+1} (z - z_0)^{n+1}}{c_n (z - z_0)^n} \right| = \left| \frac{c_{n+1}}{c_n} \right| |z - z_0| \to \frac{|z - z_0|}{\varrho}$ also

$\left. \begin{array}{l} \text{Konvergenz, falls } |z - z_0| < \varrho \\ \text{Divergenz, falls } |z - z_0| > \varrho \end{array} \right\} \Rightarrow R = \varrho \quad \square$

Proposition: Reelle Potenzreihe

Sei $\sum_{k=0}^{\infty} a_k (x - x_0)^k$ eine reelle Potenzreihe mit Konvergenzradius R. Wir setzen $I := (x_0 - R, x_0 + R)$ und

$f : I \to \mathbb{R} \ f(x) = \sum_{k=0}^{\infty} a_k (x - x_0)^k$. Dann gilt:

(i) f ist beliebig oft differenzierbar, d.h. $f \in \mathcal{C}^\infty(I)$

(ii) Für alle $x \in I$ gilt $f'(x) = \sum_{k=1}^{\infty} k \cdot a_k (x - x_0)^{k-1}$

(iii) Für alle $a, b \in I$ gilt: $\int_a^b f(x) \, dx = \sum_{k=0}^{\infty} a_k \frac{(x - x_0)^{k+1}}{k+1} \Big|_a^b$

<u>Beweis:</u> [Einsammeln früherer Resultate]

(i)+(ii): $\overset{\text{Konv. PR}}{\Rightarrow} \forall \ 0 < r < R$ ist die Potenzreihe und die gliedweise Ableitung auf $[x_0 - r, x_0 + r]$ gleichmäßig

konvergent $\Rightarrow f \in \mathcal{C}^1$ und die Formel in (ii) gilt. Wende nun sukzessive dieselbe Argumentation auf $f', f'', f^{(3)}, \dots$

an $\Rightarrow f \in \mathcal{C}^\infty$

(iii) $\overset{\text{Konv. PR}}{\Rightarrow}$ Potenzreihe konvergiert gleichmäßig auf $[a, b]$

$\Rightarrow \int_a^b \sum_{k=0}^{\infty} a_k (x - x_0)^k = \sum_{k=0}^{\infty} \int_a^b a_k (x - x_0)^k \, dx \quad \square$

5.4 § 3 Satz von

5.4.1 Definitionen

Taylor-Polynom und Taylor-Reihe

Sei $f : I \to \mathbb{R}$ eine $\mathcal{C}^{n+1}$-Funktion und sei $x_0 \in I$ beliebig.

(i) Für $m \leq n$ definieren wir das Taylor-Polynom der Ordnung m von f im Punkt x_0 als

$$T_m[f, x_0](x) := \sum_{k=0}^{m} \frac{f^{(k)}(x_0)}{k!}(x - x_0)^k$$

(ii) Falls f glatt ist ($f \in \mathcal{C}^\infty(I)$), dann definieren wir die Taylor-Reihe von f im Punkt x_0 als

$$T[f, x_0](x) = \sum_{k=0}^{\infty} \frac{f^{(k)}(x_0)}{k!}(x - x_0)^k$$ und zwar unabhängig davon, ob $T[f, x_0](x)$ konvergiert oder nicht

5.4.2 Sätze mit Beweisen

Proposition: Taylor-Formel, zum Ersten

Sei $f : I \to \mathbb{R}$ eine $\mathcal{C}^{n+1}$-Funktion und sei $x_0 \in I$ beliebig. Dann gilt für alle $x \in I$ die Taylor-Formel

$$f(x) = f(x_0) + f'(x_0)(x - x_0) + \frac{1}{2}f''(x_0)(x - x_0)^2 + ... + \frac{1}{n!}f^{(n)}(x_0)(x - x_0)^n + R_{n+1}(x) =$$

$$\sum_{k=0}^{n} \frac{f^{(k)}(x_0)}{k!}(x - x_0)^k + R_{n+1}(x) \text{ mit } R_{n+1}(x) = \frac{1}{n!}\int_{x_0}^{x}(x - t)^n f^{(n+1)}(t)dt$$

<u>Beweis:</u>

Wir verwenden die Notation $T_n[f, x_0](x) = \sum_{k=0}^{n} \frac{f^{(k)}(x_0)}{k!}(x - x_0)^k$.

Damit ist z.z. $f(x) = T_n[f, x_0](x) + R_{n+1}(x) \; \forall n \in \mathbb{N}$

Induktion nach n:

I.A.: ✓

$n-1 \to n$: Angenommen $f(x) = T_{n-1}[f, x_0](x) + R_n(x)$. Es gilt $R_n(x) = \frac{1}{(n-1)!}\int_{x_0}^{x}(x - t)^{n-1}f^{(n)}(t)dt \overset{P.I.}{=}$

$$-\frac{1}{n!}f^{(n)}(t)(x - t)^n \Big|_{x_0}^{x} + \frac{1}{n!}\int_{x_0}^{x}(x - t)^n f^{(n+1)}(t)dt = \frac{1}{n!}f^{(n)}(x_0)(x - x_0) + \frac{1}{n!}\int_{x_0}^{x}(x - t)^n f^{(n+1)}(t)dt \quad \square$$

Korollar: Lagrange-Form des Restglieds

Sei $f : I \to \mathbb{R}$ eine $\mathcal{C}^{n+1}$-Funktion und sei $x_0 \in I$. Dann gibt es ein $\xi \in I$ mit der Eigenschaft

$$f(x) = T_n[f, x_0](x) + R_{n+1}(x) \text{ und } R_{n+1}(x) = \frac{f^{(n+1)}(\xi)}{(n+1)!}(x - x_0)^{n+1}$$

<u>Beweis:</u> [Anwenden des MWS-Integralrechnung auf die Integralform des Restglieds $R_{n+1}(x)$ in der Taylor-Formel]

Wegen MWS-Integralrechnung $\exists\, \xi \in [x, x_0]$ mit:

$$R_{n+1}(x) = \frac{1}{n!}\int_{x_0}^{x}(x - t)^n f^{(n+1)}(t)dt \overset{\text{MWS-Int}}{\Longrightarrow} \frac{1}{n!}f^{(n+1)}(\xi)\int_{x_0}^{x}(x - t)^n \, dt \overset{\text{INT}}{=} \frac{f^{(n+1)}(\xi)}{n!} \cdot \frac{-(x - t)^{n+1}}{n+1}\Big|_{x_0}^{x} =$$

$$\frac{f^{(n+1)}(\xi)}{(n+1)!}(x - x_0)^{n+1} \quad \square$$

Theorem: Taylor

Sei $f : I \to \mathbb{R}$ glatt, $x_0 \in I$

(i) Für alle $n \in \mathbb{N}$ und alle $x \in I$ gilt $f(x) = T_n\left[f, x_0\right](x) + R_{n+1}(x)$, wobei für das Restglied R_{n+1} gilt

$$R_{n+1}(x) = \frac{1}{n!} \int_{x_0}^{x} (x-t)^n f^{(n+1)}(t)dt = \frac{f^{(n+1)}(\xi)}{(n+1)!} (x-x_0)^{n+1} \text{ für ein } \xi \in [x, x_0]$$

(ii) Für $x \in I$ konvergiert die Taylor-Reihe $T\left[f, x_0\right](x)$ punktweise gegen $f(x)$, d.h.

$$f(x) = T\left[f, x_0\right](x) = \sum_{k=0}^{\infty} \frac{f^{(k)}(x_0)}{k!} (x-x_0)^k, \text{ genau dann, wenn } \lim_{n \to \infty} R_n(x) = 0 \text{ gilt.}$$

Korollar: Funktionen mit verschwindender Ableitung sind Polynome

Sei $f : \mathbb{R} \to \mathbb{R}$ eine $(n+1)$-mal differenzierbare Funktion. Falls $f^{(n+1)}(x) = 0 \; \forall x$, dann ist f ein Polynom vom Grad höchstens n.

Beweis:

$$f^{(n+1)}(x) = 0 \; \forall x \Rightarrow f \in \mathcal{C}^{\infty}(\mathbb{R})$$

$$f^{(n+1)}(x) = 0 \Rightarrow R_{n+1}(x) = 0 \; \forall x \Rightarrow f(x) = T_n[f, 0](x) \quad \square$$

Korollar: Potenzreihen sind ihre eigenen Taylor-Reihen

Sei $f : (x_0 - R, x_0 + R) \to \mathbb{R}$, $f(x) = \sum_{k=0}^{\infty} a_k (x - x_0)^k$ durch eine reelle Potenzreihe $[a_k, x_0 \in \mathbb{R}]$ mit Konvergenzradius R gegeben. Dann gilt $\forall n \in \mathbb{N} : a_n = \frac{f^{(n)}(x_0)}{n!}$

Beweis:

$\overset{\text{ReellePR}}{\Rightarrow} f \in \mathcal{C}^{\infty}(x_0 - R, x_0 + R)$ daher hat f eine Taylor-Reihe $T_n\left[f, x_0\right]$; Sukzessives Anwenden der Ableitungsformel liefert $f^{(n)}(x) = \sum_{k=n}^{\infty} a_k k(k-1) \cdot ... \cdot (k-n+1)(x-x_0)^{k-n}$

Daher für $x = x_0$ $f^{(n)}(x_0) = a_n n!$ $\quad \square$

5.5 $\S$ 4 FOURIER-REIHEN (NICHT PRÜFUNGSRELEVANT)

5.5.1 Definitionen

Fourier-Reihe

Sei $f : \mathbb{R} \to \mathbb{R}$ 2π-periodisch und Riemann-integrierbar auf $[0, 2\pi]$. Wir definieren die

(i) Fourierkoeffizienten $a_k = \frac{1}{\pi} \int_0^{2\pi} f(x) \cos(kx)dx$ und $b_k = \frac{1}{\pi} \int_0^{2\pi} f(x) \sin(kx)dx$

(ii) Fourier-Reihe von f (unabhängig von Konvergenzfragen) $\mathcal{F}[f](x) = \frac{a_0}{2} + \sum_{k=1}^{\infty} (a_k \cos(kx) + b_k \sin(kx))$

Konvergenz im quadratischen Mittel

$f_n \to f$ im quadratischen Mittel $\Leftrightarrow \|f_n - f\|_2^2 := \dfrac{1}{2\pi} \displaystyle\int_0^{2\pi} |f_n(t) - f(t)|^2 \, dt \to 0$

6 DIFFERENTIALRECHNUNG IM $\mathbb{R}^n$

6.1 § 1 TOPOLOGIE DES $\mathbb{R}^n$

6.1.1 Definitionen

Der $\mathbb{R}^n$

Für jedes $n \in \mathbb{N}$ ist $\mathbb{R}^n$ - die Menge aller n-tupel reeller Zahlen $\mathbb{R}^n = \{x = (x_1, x_2, ..., x_n) \,|\, x_i \in \mathbb{R}, 1 \le i \le n\}$ - ein n-dimensionaler Vektorraum über dem Körper $\mathbb{R}$, d.h. wir haben die beiden Operationen Addition und Multiplikation mit einem Skalar

$+ : \mathbb{R}^n \times \mathbb{R}^n \to \mathbb{R}^n : x + y = (x_1, ..., x_n) + (y_1, ..., y_n) = (x_1 + y_1, ..., x_n + y_n)$

$\cdot : \mathbb{R} \times \mathbb{R}^n \to \mathbb{R}^n : \lambda \cdot x = \lambda (x_1, ..., x_n) = (\lambda \cdot x_1, ..., \lambda \cdot x_n)$

die die einschlägigen Axiome erfüllen

Abstand, Norm , Skalarprodukt

(i) Abstände im $\mathbb{R}^n$

Auf $\mathbb{R}^n$ ist der Euklidische Abstand bzw. die Euklidische Metrik definiert als:

$d : \mathbb{R}^n \times \mathbb{R}^n \to \mathbb{R}, d(x,y) := \|x - y\| = \sqrt{(x_1 - y_1)^2 + (x_2 - y_2)^2 + ... + (x_n - y_n)^2}$

Die Metrik d hat die 3 Grundeigenschaften $(x, y, z \in \mathbb{R}^n)$

(M1) $d(x,y) \ge 0$ und $d(x,y) = 0 \Leftrightarrow x = y$ (positiv definit)

(M2) $d(x,y) = d(y,x)$ (symmetrisch)

(M3) $d(x,z) \le d(x,y) + d(y,z)$ ($\triangle$-Ungleichung)

(ii) Euklidische Norm

Auf $\mathbb{R}^n$ ist die Euklidische Norm definiert als:

$\|.\| : \mathbb{R}^n \to \mathbb{R}, \|x\| = \|(x_1, ..., x_n)\| := \sqrt{x_1^2 + x_2^2 + ... + x_n^2} = \sqrt{\displaystyle\sum_{k=1}^n x_k^2}$

Klarerweise gilt: $d(x,y) = \|x - y\|$ bzw. $\|x\| = d(0, x)$

Die Norm hat die 3 Grundeigenschaften $(x, y \in \mathbb{R}^n, \lambda \in \mathbb{R})$

(N1) $\|x\| \ge 0$ und $\|x\| = 0 \Leftrightarrow x = 0$ (positiv definit)

(N2) $\|\lambda x\| = |\lambda| \|x\|$ (homogen)

(N3) $\|x + y\| \le \|x\| + \|y\|$ ($\triangle$-Ungleichung)

(iii) (Standard-)Skalarprodukt

Auf $\mathbb{R}^n$ ist das Standard-Skalarprodukt definiert als

$\langle .|. \rangle : \mathbb{R}^n \times \mathbb{R}^n \to \mathbb{R}$, $\langle x|y \rangle := x_1 y_1 + x_2 y_2 + ... + x_n y_n = \sum_{k=1}^{n} x_k y_k$

Sein Zusammenhang mit der Norm ist offensichtlich $\|x\| = \sqrt{\langle x|x \rangle}$ und daher $d(x,y) = \|x - y\| = \sqrt{\langle x - y|x - y \rangle}$

Das Standard-Skalarprodukt hat die 3 Grundeigenschaften $(x, y, z \in \mathbb{R}^n; \lambda, \mu \in \mathbb{R})$

(SP1) $\langle x|x \rangle \ge 0$ und $\langle x|x \rangle = 0 \Leftrightarrow x = 0$ (positiv definit)

(SP2) $\langle x|y \rangle = \langle y|x \rangle$ (symmetrisch)

(SP3) $\langle \lambda x + \mu y|z \rangle = \lambda \langle x|z \rangle + \mu \langle y|z \rangle$ und $\langle x|\lambda y + \mu z \rangle = \lambda \langle x|y \rangle + \mu \langle x|z \rangle$ (bilinear)

Cauchy-Schwarz-Ungleichung: $|\langle x|y \rangle| \le \|x\| \|y\|$

Metrik, Norm, Skalarprodukt

(i) Sei M eine Menge und $d : M \times M \to \mathbb{R}$ eine Abbildung mit (M1)-(M3), dann nennen wir diese Metrik auf M und das Paar (M, d) ein metrischer Raum

(ii) Sei V ein Vektorraum über $\mathbb{R}$ [oder $\mathbb{C}$] und $\|.\| : V \to \mathbb{R}$ eine Abbildung mit (N1)-(N3), dann nennen wir $\|.\|$ eine Norm auf V und das Paar $(V, \|.\|)$ ein normierter Raum

(iii) Sei V ein Vektorraum über $\mathbb{R}$ und $\langle .|. \rangle : V \times V \to \mathbb{R}$ eine Abbildung mit (SP1)-(SP3), dann nennen wir $\langle .|. \rangle$ ein Skalarprodukt auf V und das Paar $(V, \langle .|. \rangle)$ ein Euklidischer Vektorraum

ε-Umgebung im $\mathbb{R}^n$

Sei $a \in \mathbb{R}^n$. Für $\varepsilon > 0$ definieren wir die ε-Umgebung von a als $U_\varepsilon(a) = \{ x \in \mathbb{R}^n | \|x - a\| < \varepsilon \}$

Umgebung, offene und abgeschlossene Menge

(i) Sei $a \in \mathbb{R}^n$. Eine Menge $U \subseteq \mathbb{R}^n$ heißt Umgebung von a, falls $\exists \varepsilon > 0 : U_\varepsilon(a) \subseteq U$

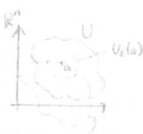

Abbildung 3: Es gibt eine ε-"Schutzkugel" um a, die ganz in U liegt

(ii) Eine Menge $V \subseteq \mathbb{R}^n$ heißt offen, falls V Umgebung aller ihrer Punkte ist, d.h. $\forall x \in V \; \exists \varepsilon > 0 \; U_\varepsilon(x) \subseteq V$

Abbildung 4: ε-Schutzkugel um jedem Punkt möglich (bleibt in V)

(iii) Eine Menge $A \subseteq \mathbb{R}^n$ heißt abgeschlossen, falls ihr Komplement $A^C = \mathbb{R}^n \setminus A$ offen ist

Terminologie: Folgen im $\mathbb{R}^n$

Eine Folge im $\mathbb{R}^n$ ist eine Abbildung $x : \mathbb{N} \to \mathbb{R}^n$ und wir schreiben $x^{(k)} := x(k)$ bzw. $\left(x^{(k)}\right)_{k \in \mathbb{N}}$ oder kürzer $\left(x^{(k)}\right)_k, \left(x^{(k)}\right)$ für die ganze Folge. Jedes $x^{(k)}$ ist ja Element in $\mathbb{R}^n$ und wir schreiben

$x^{(k)} = \left(x_1^{(k)}, x_2^{(k)}, ..., x_n^{(k)}\right) \in \mathbb{R}^n, k \in \mathbb{N}$

Die Folge $\left(x^{(k)}\right)$ besteht aus den n-Stück Komponentenfolgen $\left(x_1^{(k)}\right)_k, ..., \left(x_n^{(k)}\right)_k$, die alle reelle Folgen sind

Konvergenz im $\mathbb{R}^n$

Sei $\left(x^{(k)}\right)_k$ eine Folge im $\mathbb{R}^n, a \in \mathbb{R}^n$. Wir sagen $x^{(k)}$ konvergiert gegen a, falls $\forall \varepsilon > 0 \; \exists N \; \forall k \geq N$.

$x^{(k)} \in U_\varepsilon(a)$, d.h. $\left\| x^{(k)} - a \right\| < \varepsilon$ gilt. Wir schreiben dann $\lim\limits_{k \to \infty} x^{(k)} = a$ oder $x^{(k)} \to a \; (k \to \infty)$ und nennen a den Grenzwert/Limes von $\left(x^{(k)}\right)$

Cauchy-Folge und beschränkte Folge

Sei $\left(x^{(k)}\right)$ eine Folge in $\mathbb{R}^n$. Wir nennen $\left(x^{(k)}\right)$

(i) eine Cauchy-Folge, falls $\forall \varepsilon > 0 \; \exists N \; \forall m, k \geq N : \left\| x^{(m)} - x^{(k)} \right\| < \varepsilon$

(ii) beschränkt, falls $\exists R > 0 : \left\| x^{(k)} \right\| \leq R \; \forall k \in \mathbb{N}$

Abschluss einer Menge

Sei $M \subseteq \mathbb{R}^n$. Wir definieren den Abschluss einer beliebigen Menge als $\overline{M} := \left\{ c \in \mathbb{R}^n \middle| \exists \text{ Folge } x^{(k)} \text{ in } M \text{ mit } x^{(k)} \to c \right\}$

Kompakte Menge

Eine Menge $K \subseteq \mathbb{R}^n$ heißt kompakt, falls jede Folge $\left(x^{(k)}\right)$ in K eine Teilfolge besitzt, die gegen einen Punkt $a \in K$ konvergiert

6.1.2   Sätze mit Beweisen

Proposition: Grundeigenschaften von Umgebungen und offenen Mengen

Sei $a \in \mathbb{R}^n$. Es gilt:

(i) U Umgebung von a, $V \supseteq U \Rightarrow V$ Umgebung von a

(ii) U_1, U_2 Umgebungen von $a \Rightarrow U_1 \cap U_2$ Umgebung von a

(iii) Vereinigungen beliebig vieler offener Mengen sind offen

(iv) Durchschnitte endlich vieler offener Mengen sind offen

<u>Beweisskizze:</u>

(i)

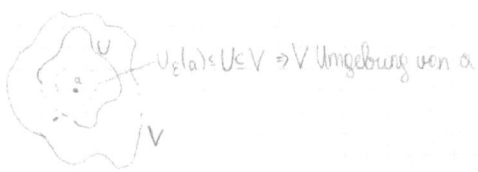

Abbildung 5: V Umgebung von a

(ii)

Abbildung 6: $U_1 \cap U_2$ Umgebung von a

(iii) [einfaches Hantieren mit den Begriffen]

Sei $(U_i)_{i \in I}$ offene Mengen (I... Indexmenge, beliebig)

Sei $a \in \bigcup_{i \in I} U_i \Rightarrow \exists i: \ a \in U_i$

U_i offen $\Rightarrow \exists \varepsilon > 0: \ U_\varepsilon(a) \subseteq U_i \Rightarrow U_\varepsilon(a) \subseteq \bigcup_{i \in I} U_i \Rightarrow \bigcup_{i \in I} U_i$ offen

Abbildung 7: Vereinigung beliebig vieler offener Mengen sind offen

(iv) [ebenfalls]

Sei $U_1, ..., U_l \subseteq \mathbb{R}^n$ offen

$a \in \bigcap\limits_{i=1}^{l} U_i \Rightarrow a \in U_i \ \forall 1 \leq i \leq l$

U_i offen $\Rightarrow \forall 1 \leq i \leq l : \exists \varepsilon_i > 0 : U_\varepsilon(a) \subseteq U_i \ \forall 1 \leq i \leq l$

Setze $\varepsilon := \min\limits_{1 \leq i \leq l} \varepsilon_i \Rightarrow U_\varepsilon(a) \subseteq U_i \ \forall 1 \leq i \leq l \Rightarrow U_\varepsilon(a) \subseteq \bigcap\limits_{i=1}^{l} U_i \Rightarrow \bigcap\limits_{i=1}^{l} U_i$ offen $\square$

Satz: Prinzip der komponentenweisen Konvergenz (PKK)

Sei $x^{(k)} = \left(x_1^{(k)}, ..., x_n^{(k)} \right)$ eine Folge in $\mathbb{R}^n$ und $a = (a_1, ..., a_n) \in \mathbb{R}^n$. Dann gilt:

$$\lim_{k \to \infty} x^{(k)} = a \Leftrightarrow \lim_{k \to \infty} x_j^{(k)} = a_j \ \forall 1 \leq j \leq n$$

<u>Beweis:</u> [ganz leicht; $\frac{\varepsilon}{\sqrt{n}}$-Beweis]

$(\Rightarrow) \forall 1 \leq j \leq n$ gilt $\left| x_j^{(k)} - a_j \right| \overset{|c_j| = \sqrt{c_j^2} \leq \sqrt{c_1^2 + c_2^2 + ... + c_n^2} = \|c\|}{\leq} \left\| x^{(k)} - a \right\| \overset{VOR}{\to} 0 \ (k \to \infty) \Rightarrow x_j^{(k)} \to a_j$

$(k \to \infty)$

$(\Leftarrow)$ Sei $\varepsilon > 0$. Laut Voraussetzung $\Rightarrow \forall 1 \leq j \leq n \ \exists N_j : \left| x_j^{(k)} - a_j \right| < \frac{\varepsilon}{\sqrt{n}} \ \forall k \geq N_j$

Setze $N := \max\{N_1, ..., N_n\}$ und sei $k \geq N$.

Dann $\left\| x^{(k)} - a \right\| = \left(\left(x_1^{(k)} - a_1 \right)^2 + ... + \left(x_n^{(k)} - a_n \right)^2 \right)^{\frac{1}{2}} < \sqrt{n \cdot \frac{\varepsilon^2}{n}} = \varepsilon$

$\Rightarrow x^{(k)} \to a \ (k \to \infty) \quad \square$

Korollar: Cauchy-Produkt und Bolzano-Weierstraß

(i) $\mathbb{R}^n$ ist vollständig, d.h. für jede Folge $\left(x^{(k)} \right)$ in $\mathbb{R}^n$ gilt: $x^{(k)}$ konvergiert $\Leftrightarrow x^{(k)}$ Cauchy-Folge

(ii) In $\mathbb{R}^n$ gilt der Satz von Bolzano-Weierstraß, d.h. jede beschränkte Folge hat eine konvergente Teilfolge

<u>Beweis:</u>

(i) [folgt sofort aus PKK]

(ii) $x^{(k)}$ beschränkt $\Rightarrow x_j^{(k)}$ beschränkt $\forall 1 \leq j \leq n$

$x_1^{(k)}$ beschränkte Folge in $\mathbb{R} \overset{\text{Bolzano}-\text{Weierstraß}}{\Rightarrow} \exists\text{konvergente Teilfolge } \left(x_1^{(k_l)}\right)_l$

Betrachte nun die Folge $\left(x_2^{(k_l)}\right)_l$. Sie ist als Teilfolge der beschränkten reellen Folge $\left(x_2^{(k)}\right)_k$ beschränkt $\overset{\text{Bolzano}-\text{Weierstraß}}{\Rightarrow}$
$\exists$ konvergente Teilfolge $\left(x_2^{(k_{l_m})}\right)_m$

Betrachte nun $\left(x_3^{(k_{l_m})}\right)_m \cdots \Rightarrow \exists$ konvergente Teilfolge $\left(x_n^{\left(k_{\cdot\cdot\cdot_s}\right)}\right)_s$

$\overset{\text{Konstruktion}}{\Rightarrow} \exists$ Teilfolge $\left(x_n^{\left(k_{\cdot\cdot\cdot_s}\right)}\right)_s$, die in jeder Komponente konvergiert $\overset{\text{PKK}}{\Rightarrow} \left(x_n^{\left(k_{\cdot\cdot\cdot_s}\right)}\right)_s$ konvergiert (als

Folge in $\mathbb{R}^n$) $\square$

Satz: Abgeschlossene Mengen enthalten die Grenzwerte ihrer Folgen

Sei $A \subseteq \mathbb{R}^n$ dann gilt:

A abgeschlossen $\Leftrightarrow \forall c \in \mathbb{R}^n$ mit $c = \lim\limits_{k\to\infty} x^{(k)}$ und $x^{(k)} \in A \Rightarrow c \in A$

Beweis: [2×indirekt aber anschaulich]

($\Rightarrow$) Indirekt angenommen $c = \lim\limits_{k\to\infty} x^{(k)}$ mit $x^{(k)} \in A \; \forall k \in \mathbb{N}$ aber $c \notin A$

Abbildung 8: A abgeschlossen aber $c \notin A$

$\Rightarrow c \in A^C, A^C$ ist offen $\Rightarrow \exists$ Sicherheitskugel um c

genauer: $\exists \, \varepsilon > 0 : U_\varepsilon(c) \subseteq \mathbb{R}^n \setminus A = A^C \Rightarrow U_\varepsilon(c) \cap A = \emptyset \; (\star)$

Das ist ein Widerspruch zu $x^{(k)} \to c$, denn $c = \lim x^{(k)}$

$\Rightarrow \exists N \, \forall k \geq N : x^{(k)} \in U_\varepsilon(c) \overset{(\star)}{\Rightarrow} x^{(k)} \notin A \; \forall k \geq N$ Widerspruch zu $x^{(k)} \in A \; \forall k$

($\Leftarrow$) Wir zeigen A^C ist offen

Indirekt angenommen nicht $\Rightarrow \exists b \in A^C : \forall \varepsilon > 0 : U_\varepsilon(b) \nsubseteq A^C$

$\Rightarrow k \in \mathbb{N} : U_{\frac{1}{k}}(b) \cap A \neq \emptyset \Rightarrow \forall k \, \exists x^{(k)} \in U_{\frac{1}{k}}(b) \cap A \Rightarrow x^{(k)}$ ist Folge in A und $x^{(k)} \to b \overset{A \text{ abgeschlossen}}{\Rightarrow} b \in A$
Widerspruch! $\square$

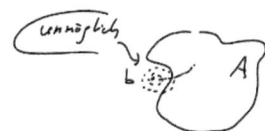

Abbildung 9: A^C abgeschlossen und $b \in A^C$

Theorem: Satz von Heine-Borel

Sei $K \subseteq \mathbb{R}^n$, dann gilt: K ist kompakt $\Leftrightarrow$ K ist beschränkt und abgeschlossen

<u>Beweis:</u> [Zusammentragen der Konzepte]

($\Rightarrow$)

(1) K ist abgeschlossen, denn sei $\left(x^{(k)}\right)$ in K mit $c = \lim_k x^{(k)} \Rightarrow$ es genügt z.z.: $c \in K$

K kompakt $\Rightarrow \exists$ Teilfolge $\left(x^{(k_l)}\right)_l$ mit $a := \lim_l x^{(k_l)} \in K$

$x^{(k)}$ konvergent $\Rightarrow c = a \Rightarrow c \in K$

(2) K ist beschränkt [d.h. $\exists R > 0 : K \subseteq K_R(0)$]

Indirekt angenommen K nicht beschränkt, d.h. $\forall R : K \not\subseteq K_R(0) \Rightarrow \exists$ Folge $\left(x^{(k)}\right)$ in K mit $\left\|x^{(k)}\right\| \to \infty \ (k \to \infty)$

$\Rightarrow \left(x^{(k)}\right)$ hat keine konvergente Teilfolge   Widerspruch zu K kompakt

($\Leftarrow$) Sei $\left(x^{(k)}\right)$ eine Folge in K [z.z. $\left(x^{(k)}\right)$ hat in K konvergente Teilfolge]

K beschränkt $\Rightarrow \left(x^{(k)}\right)$ beschränkt $\overset{\text{Bolzano}-\text{Weierstraß}}{\Rightarrow} \exists$ konvergente Teilfolge $\left(x^{(k_l)}\right)_l$, sei $a := \lim_l x^{(k_l)}$

K abgeschlossen $\Rightarrow a \in K$ $\square$

6.2 § 2 FUNTIONEN VON $\mathbb{R}^n$ NACH $\mathbb{R}^m$: GRUNDBEGRIFFE UND STETIGKEIT

6.2.1 Definitionen

Terminologie: Komponentenfunktion und Partielle Funktion

Sei $f : \mathbb{R}^n \supseteq U \to \mathbb{R}^m$.

(i) (Komponentenfunktion) Für $x \in U$ ist $f(x) \in \mathbb{R}^m$ also $\mathbb{R}^m \ni f(x) = \begin{pmatrix} f_1(x) \\ f_2(x) \\ \vdots \\ f_m(x) \end{pmatrix} = (f_1(x), f_2(x), \ldots, f_m(x))$

Diese Zerlegung können wir für jedes $x \in U$ durchführen und erhalten so m-Stück Funktionen $f_j \ (1 \le j \le m)$

$f_j : U \to \mathbb{R}$. D.h. eine Funktion $f : \mathbb{R}^n \supseteq U \to \mathbb{R}^m$ aus m-Stück Funktionen $f_j : U \to \mathbb{R} \ (1 \le j \le m)$ besteht.

Diese Komponentenfunktionen sind die "Bausteine" von f und spiegeln die wesentlichen Eigenschaften von f wider.

(ii) (Partielle Funktionen) Ähnlich können wir $x \in U \supseteq \mathbb{R}^n$ in seine Komponenten zerlegen $x = (x_1, x_2, \ldots, x_n)$.

Damit ergibt sich $f(x) = f(x_1, \ldots, x_n) = \begin{pmatrix} f_1(x_1, \ldots x_n) \\ \vdots \\ f_m(x_1, \ldots x_n) \end{pmatrix}$

Für jeden der Bausteine $f_j : U \subseteq \mathbb{R}^n \to \mathbb{R}$ können wir die Zerlegung von x benutzen, um die sogenannte Partielle Funktion zu definieren. Dazu sei $g : U \to \mathbb{R}$ und sei $(x_1, \ldots, x_{k-1}, x_{k+1}, \ldots x_n)$ fix gewählt. Dann ist die k-te partielle Funktion von g definiert als $\mathbb{R} \ni x \mapsto g(x_1, x_2, \ldots x_{k-1}, x, x_{k+1}, \ldots, x_n) \in \mathbb{R}$. Anders als die Komponentenfunktionen kodieren die partiellen Funktionen nicht alle Eigenschaften von g.

Stetigkeit

Sei $U \subseteq \mathbb{R}^n$ und $a \in U$. Eine Funktion $f : U \to \mathbb{R}^m$ heißt stetig in a, falls $\forall \varepsilon > 0 \exists \delta > 0 \forall x \in U$ mit $\|x - a\| < \delta \Rightarrow \|f(x) - f(a)\| < \varepsilon$. f heißt stetig in U, falls f stetig in allen $a \in U$.

6.2.2 Sätze mit Beweisen

Umgebungsstetigkeit = Folgenstetigkeit

Sei $f : \mathbb{R}^n \supseteq U \to \mathbb{R}^m, a \in U$. Dann gilt

f stetig in a $\Leftrightarrow$ Für jede Folge $\left(x^{(k)}\right)$ in U mit $x^{(k)} \to a$ $(k \to \infty)$ gilt, dass $\lim\limits_{k \to \infty} f\left(x^{(k)}\right) = f(a)$

<u>Beweis:</u> (völlig analog zum 1-dimensionalen Fall nur schneller)

($\Rightarrow$) Sei $\left(x^{(k)}\right)$ eine Folge in U, $x^{(k)} \overset{\text{in } U}{\to} a$; z.z $f\left(x^{(k)}\right) \overset{\text{in } \mathbb{R}^m}{\to} f(a)$

Sei $\varepsilon > 0$. Wähle $\delta > 0$ sodass $\|x - a\| < \delta \Rightarrow \|f(x) - f(a)\| < \varepsilon$

Wähle $N \in \mathbb{N}$ sodass $\forall k \geq N : \left\|x^{(k)} - a\right\| < \delta \Rightarrow \forall k \geq N \left\|f\left(x^{(k)}\right) - f(a)\right\| < \varepsilon \Rightarrow f\left(x^{(k)}\right) \to f(a)$ $(k \to \infty)$

($\Leftarrow$) Indirekt angenommen f nicht stetig in a. Dann gilt $\exists \varepsilon > 0 \forall k \in \mathbb{N} \exists x^{(k)} \in U : \left\|x^{(k)} - a\right\| < \frac{1}{k}$ aber $\left\|f\left(x^{(k)}\right) - f(a)\right\| \geq \varepsilon \Rightarrow x^{(k)} \to a$ aber $f\left(x^{(k)}\right) \nrightarrow f(a)$ Widerspruch! $\square$

Stetigkeit via Komponenten

Sei $f : \mathbb{R}^n \supseteq U \to \mathbb{R}^m, f = (f_1, f_2, \ldots, f_m), a \in U$. Dann gilt:

f stetig in a $\Leftrightarrow \forall 1 \leq j \leq m : f_j$ stetig in a

Beweis: [Einfache Anwendung von PKK]

f stetig in $a \Leftrightarrow \forall x^{(k)}$ und U mit $x^{(k)} \to a$: $\underbrace{f\left(x^{(k)}\right)}_{} \overset{\text{in } \mathbb{R}^m}{\to} f(a)$

$$\underbrace{f\left(x^{(k)}\right)_j}_{= f_j\left(x^{(k)}\right)} \to \underbrace{(f(a))_j}_{= f_j(a)}$$

$\Leftrightarrow \forall x^{(k)} \to a : \forall 1 \le j \le m \; f_j\left(x^{(k)}\right) \to f_j(a) \Leftrightarrow \forall 1 \le j \le m : f_j$ stetig in a $\square$

Stetige Funktionen auf kompakten Mengen

Sei $K \subseteq \mathbb{R}^n$ kompakt und $f : K \to \mathbb{R}^m$ stetig. Dann gilt

(i) Falls $m = 1$ so ist f beschränkt und nimmt Minimum und Maximum an

(ii) f ist gleichmäßig stetig, d.h. $\forall \varepsilon > 0 \; \exists \delta > 0$ sodass $\forall x, y \in K : \|x - y\| < \delta \Rightarrow \|f(x) - f(y)\| < \varepsilon$

6.2.3 Grundideen und Veranschaulichung

Spezialfälle und Veranschaulichung von Komponentenfunktionen und partiellen Funktionen

Betrachten $f : \mathbb{R}^n \supseteq U \to \mathbb{R}^m (n, m \le 1)$

(i) KURVEN; $n = 1$

Also Funktionen $c : \mathbb{R} \subseteq I \to \mathbb{R}^m$ typischerweise auf einem Intervall I definiert.

Falls $m = 1 \to$ fad

Falls $m = 2$, so sprechen wir von EBENEN KURVEN. Diese können veranschaulicht werden, indem wir ihr Bild $c(I) \subseteq \mathbb{R}^2$ zeichnen.

z.B.: $c : [0, 2\pi] \to \mathbb{R}^2; \; t \mapsto \begin{pmatrix} \cos(t) \\ \sin(t) \end{pmatrix}$

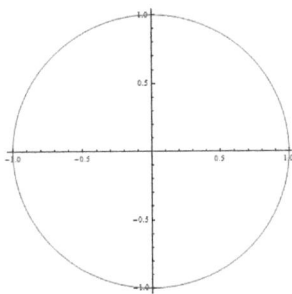

Abbildung 10: Kreis

$$\alpha : [0, 2\pi] \to \mathbb{R}^2; \; s \mapsto \begin{pmatrix} 2\cos(s) \\ \sin(s) \end{pmatrix}$$

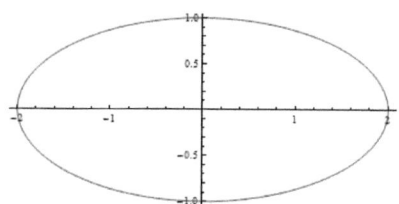

Abbildung 11: Ellipse

$$s : [-\pi, 5\pi] \to \mathbb{R}^2; \; t \mapsto \begin{pmatrix} t - \sin(t) \\ 1 - \cos(t) \end{pmatrix}$$

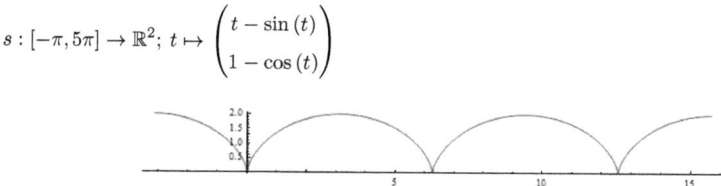

Abbildung 12: Zykloide

Falls $m = 3$, dann spricht man von RAUMKURVEN

$$\text{z.B. } c : [0, 4\pi] \to \mathbb{R}^3; \; c(t) = \begin{pmatrix} \cos(t) \\ \sin(t) \\ t \end{pmatrix}$$

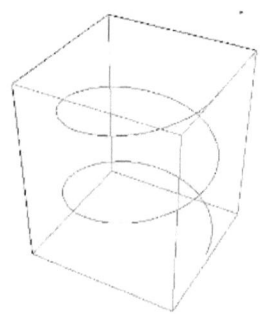

Abbildung 13: Schraubenlinie, Helix

(ii) Landschaften

Falls $n = 2, m = 1$ also $f : \mathbb{R}^2 \supseteq U \to \mathbb{R}$, dann kann der Graph von f $G(f) = \{(x, y, f(x, y)) | (x, y) \in U\}$

als Relief oder Landschaft aufgefasst werden.

z.B. $f : (-\pi, \pi) \times (-\pi, \pi) \to \mathbb{R}; \ f(x, y) = \sin(x) \cdot \cos(y)$

Da $n = 2 > 1$ können wir partielle Funktionen von f betrachten, z.B.

(1) $x \mapsto f(x, 0) = \sin(x)\cos(0) = \sin(x)$

(2) $x \mapsto f\left(x, \dfrac{\pi}{2}\right) = \sin(x)\cos\left(\dfrac{\pi}{2}\right) = 0$

(3) $y \mapsto f(0, y) = \sin(0)\cos(y) = 0$

(4) $y \mapsto f\left(\dfrac{\pi}{2}, y\right) = \sin\left(\dfrac{\pi}{2}\right)\cos(y) = \cos(y)$

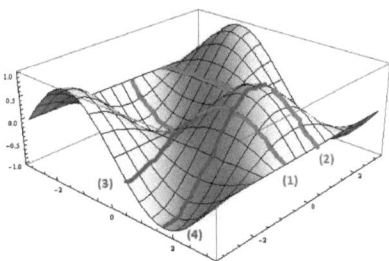

Abbildung 14: Relief, Landschaft

Eine 2. Möglichkeit eine Funktion $f : \mathbb{R}^2 \to \mathbb{R}$ zu veranschaulichen, ist es die Höhenschichtlinien zu zeichnen - wie in einer Landkarte. Dabei werden in U alle Punkte $(x, y) \in U$ gleich eingefärbt, wo $f(x, y)$ denselben Wert annimmt. In unserem Beispiel ergibt sich (wobei dunkel $\stackrel{\wedge}{=}$ tief und hell $\stackrel{\wedge}{=}$ hoch):

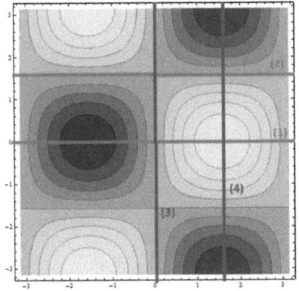

Abbildung 15: Höhenschichtlinien

(iii) Vektorfelder

Im Fall $n = m$ spricht man von Vektorfeldern. Anschaulich gesprochen ordnet eine Funktion

$f : \mathbb{R}^n \supseteq U \to \mathbb{R}^n$ jedem Punkt $x = (x_1, ..., x_n) \in U$ den Vektor $v(x) \in \mathbb{R}^n$ zu, den wir uns als im Punkt x angeheftet denken.

Falls $m = n = 2$ oder auch $m = n = 3$ können wir v graphisch veranschaulichen:

z.B: $v : [-1, 1] \times [-1, 1] \to \mathbb{R}^2;\ (x, y) \mapsto \begin{pmatrix} -y \\ x \end{pmatrix}$

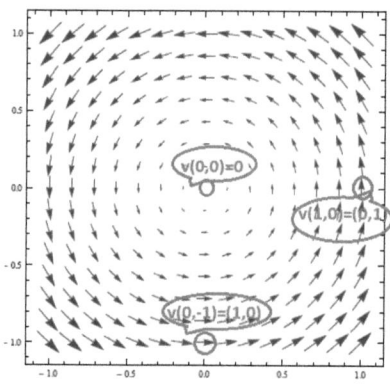

Abbildung 16: Vektorfeld

$w : [-1, 1] \times [-1, 1] \times [-1, 1] \to \mathbb{R}^3;\ w(x, y, z) = (x, y, z)$

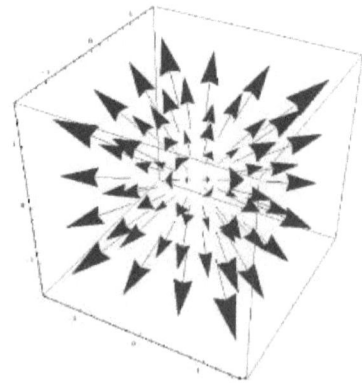

Abbildung 17: Positionsfeld

In jedem Punkt wird ein Vektor angehängt, der vom Ursprung $(0,0,0)$ wegzeigt und dessen Länge seiner Entfernung entspricht.

6.3 § 3 DIFFERENZIERBARE FUNKTIONEN

6.3.1 Definitionen

Partielle Ableitung

Sei $G \subseteq \mathbb{R}^n$ offen, $f : G \to \mathbb{R}$ und $\xi = (\xi_1, \ldots, \xi_n) \in G$

(i) Falls die i-te partielle Funktion $(1 \leq i \leq n)$ $x_i \mapsto f(\xi_1, \ldots x_i \ldots \xi_n)$ im Punkt $x_i = \xi$, differenzierbar ist, so heißt

f in ξ partiell nach x_i (bzw. der i.Koordinate) differenzierbar und wir schreiben

$$D_i f(\xi) = \frac{\partial f}{\partial x_i}(\xi) = \partial_{x_i} f(\xi) = \lim_{h \to 0} \frac{f(\xi + he_i) - f(\xi)}{h}$$

(ii) Falls f in ξ in allen Variablen x_i $(1 \leq i \leq n)$ partiell differenzierbar ist, so heißt f partiell differenzierbar in ξ (in

alle Richtungen)

(iii) Falls f in allen Punkten $\xi \in G$ (in allen Richtungen) partiell differenzierbar ist, so heißt f partiell differenzierbar

(auf G)

Differenzierbarkeit

Sei $G \subseteq \mathbb{R}^n$ offen, $f : G \to \mathbb{R}^m$

(i) f heißt differenzierbar im Punkt $\xi \in G$, falls $\exists A : \mathbb{R}^n \to \mathbb{R}^m$ linear, $\exists \delta > 0$ $\exists r : \mathbb{R}^n \supseteq U_\delta(0) \to \mathbb{R}^m$ sodass

$$f(\xi + h) - f(\xi) = A \cdot h + r(h) \ [\forall h \in U_\delta(0), \ \xi + h \in G] \text{ und } \lim_{h \to 0} \frac{r(h)}{\|h\|} = 0 \text{ bzw.}$$

$$f(\xi + h) - f(\xi) = \langle grad \ f(\xi), h \rangle + r(h) \text{ mit } \frac{r(h)}{\|h\|} \to 0$$

(ii) Falls f differenzierbar in allen $\xi \in G$, dann heißt f differenzierbar (auf G)

Terminologie

$$grad \ f(\xi) = Df(\xi)^t = \begin{pmatrix} D_1 f(\xi) \\ \vdots \\ D_n f(\xi) \end{pmatrix} \text{ heißt der Gradient von } f \text{ in } \xi$$

6.3.2 Sätze mit Beweisen

Satz von Schwarz

Sei $G \subseteq \mathbb{R}^n$ offen, $\xi \in G$, $f : G \to \mathbb{R}$. Falls $D_j D_i f$ und $D_i D_j f$ $(1 \leq i, j \leq n)$ auf G existieren und in ξ stetig sind

so gilt $D_i D_j f(\xi) = D_j D_i f(\xi)$

Satz + Definition: Differenzierbar $\Rightarrow$ partiell differenzierbar; JACOBI-Matrix

Sei $G \subseteq \mathbb{R}^n$ offen, $f = (f_1, \ldots, f_m) : G \to \mathbb{R}^m$ differenzierbar in $\xi \in G$. Dann sind alle Komponentenfunktionen $f_j : G \to \mathbb{R}$ $(1 \le j \le m)$ in ξ (in allen Richtungen) Partiell differenzierbar und es gilt

$$A = \begin{pmatrix} D_1 f_1(\xi) & D_2 f_1(\xi) & \ldots & D_n f_1(\xi) \\ D_1 f_2(\xi) & \ldots & & D_n f_2(\xi) \\ \vdots & & & \\ D_1 f_m(\xi) & & & D_n f_m(\xi) \end{pmatrix} =: Df(\xi)$$

Die Matrix $Df(\xi)$ heißt Jacobi-Matrix von f in ξ

Satz: Differenzierbar $\Rightarrow$ stetig

Sei $G \subseteq \mathbb{R}^n$ offen und $f : G \to \mathbb{R}^m$ differenzierbar in $\xi \in G$. Dann ist f stetig in ξ.

<u>Beweis:</u> [selbe Idee wie im Eindimensionalen; nur mit Folgen statt Limes von Funktionen]

Sei $(x^{(k)})$ Folge in G mit $x^{(k)} \to \xi$; $h^{(k)} := x^{(k)} - \xi \Rightarrow h^{(k)} \to 0$ und es gilt $f(x^{(k)}) - f(\xi) = f(\xi + h^{(k)}) - f(\xi) = Df(\xi)h^{(k)} + r(h^{(k)}) \overset{k \to \infty}{\longrightarrow} 0 + 0 \Rightarrow f(x^{(k)}) \to f(\xi) \Rightarrow$ stetig im Punkt ξ $\quad \square$

Satz: stetig partiell differenzierbar $\Rightarrow$ differenzierbar

Sei $G \subseteq \mathbb{R}^n$ offen, sei $f : G \to \mathbb{R}$ partiell differenzierbar und seien alle partiellen Ableitungen $D_i f : G \to \mathbb{R}$ $(1 \le i \le n)$ stetig in ξ. Dann ist f differenzierbar in ξ

Proposition: Differentiationsregeln

Sei $G \subseteq \mathbb{R}^n$ offen

(i) Linearkombination: Seien $f, g : G \to \mathbb{R}^m$ differenzierbar in $\xi \in G$. Für $\lambda, \mu \in \mathbb{R}$ ist $\lambda f + \mu g$ differenzierbar in ξ und es gilt $D(\lambda f + \mu g)(\xi) = \lambda Df(\xi) + \mu Dg(\xi)$

(ii) Produktregel: Seien $f, g : G \to \mathbb{R}$ differenzierbar in $\xi \in G$. Dann ist $f, g : G \to \mathbb{R}$ differenzierbar in ξ und es gilt $grad\,(f \cdot g)(\xi) = f(\xi) \cdot grad\,g(\xi) + g(\xi) \cdot grad\,f(\xi)$

(iii) Seien $f : g \to \mathbb{R}^n$, $g : \mathbb{R}^m \supseteq W \to \mathbb{R}^2$, $W \subseteq \mathbb{R}^m$ offen und $f(G) \subseteq W$. Ist f differenzierbar in $\xi \in G$ und g differenzierbar in $\eta := f(\xi) \in W$ dann ist die Verknüpfung $g \circ f : G \to \mathbb{R}^2$ differenzierbar in ξ und es gilt $D(g \circ f)(\xi) = Dg(f(\xi)) \cdot Df(\xi)$

Proposition: Richtungsableitung via partielle Ableitung

Sei $G \subseteq \mathbb{R}^n$ offen, $\xi \in G$, $f : G \to \mathbb{R}$ differenzierbar in ξ.

Dann existieren alle Richtungsableitungen $D_v f(\xi) = \langle grad\ f(\xi), v \rangle$

Beweis: [einfache Rechnung]

Für alle $0 \neq t$ klein genug gilt

$$\frac{f(\xi + tv) - f(\xi)}{t} = \frac{Df(\xi) \cdot tv + r(tv)}{t} = Df(\xi) \cdot v + \frac{r(tv)}{t} \longrightarrow Df(\xi) \cdot v = \langle grad\ f(\xi), v \rangle \ \square$$

Satz: Bedeutung des Gradienten

Sei $G \subseteq \mathbb{R}^n$ offen, $f : G \to \mathbb{R}$ differenzierbar in $\xi \in G$. Dann gilt:

(i) Ist $grad\ f(\xi) = 0$, dann verschwinden in ξ alle Richtungsableitungen

(ii) Ist $grad\ f(\xi) \neq 0$, so ist unter allen Richtungsableitungen $D_v f(\xi)$ die Richtungsableitung in Richtung $grad\ f(\xi)$

am größten. ihr Wert ist gerade $\|grad\ f(\xi)\|$

6.3.3 Grundideen und Veranschaulichung

Beispiel für partielle und höhere partielle Ableitungen

(i) $f : \mathbb{R}^2 \to \mathbb{R} \quad f(s,t) = se^t + \sin(st)$

$D_1 f(s,t) = e^t + \cos(st)t$

$D_2 f(s,t) = se^t + \cos(st)s$

(ii) $g : \mathbb{R}^3 \to \mathbb{R} \quad g(x,y,z) = x^2 + xy^2 + 2z^3$

$D_1 g(x,y,z) = 2x + y^2$

$D_2 g(x,y,z) = 2xy$

$D_3 g(x,y,z) = 6z^2$

$$D_1 D_1 g = 2 \qquad D_1 D_2 g = 2y \qquad D_1 D_3 g = 0$$
$$D_2 D_1 g = 2y \qquad D_2 D_2 g = 2x \qquad D_2 D_3 g = 0$$
$$D_3 D_1 g = 0 \qquad D_3 D_2 g = 0 \qquad D_3 D_3 g = 12z$$

Graphische Bedeutung der partiellen Ableitung

$G = (a,b) \times (c,d) \in \mathbb{R}^2$, $(\xi, \eta) \in G$, $f : G \to \mathbb{R}$ partiell differenzierbar. Betrachen $g : x \mapsto f(x, \eta)$ und

$h : y \mapsto f(\xi, y)$

$\Gamma(f) = \{(x, y, f(x,y)) | (x,y) \in G\}$

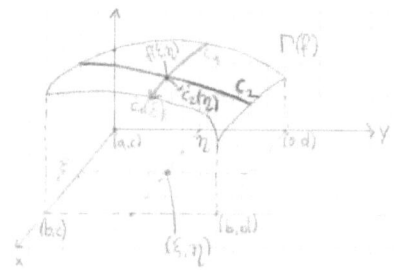

Abbildung 18: $\Gamma(f)$

Die partielle Funktion g bzw. h wird die Kurve c_1 bzw. c_2 beschrieben

$\dot{c}_1(\xi) = g'(\xi) = \partial_1 f(\xi, \eta)$

$\dot{c}_2(\eta) = h'(\eta) = \partial_2 f(\xi, \eta)$

Also: $D_1 f(\xi, \eta) = g'(\xi)$ der Anstieg von c_1 im Punkt $(\xi, \eta, f(\xi, \eta))$ und $D_2 f(\xi, \eta) = h'(\eta)$ der Anstieg von c_2 im Punkt $(\xi, \eta, f(\xi, \eta))$

6.4 § 4 Eigenschaften differenzierbarer Funktionen

6.4.1 Mitterwertsätze

Theorem: Mittelwertsatz

Sei $G \subseteq \mathbb{R}^n$ offen, $f : G \to \mathbb{R}$, differenzierbar auf G und seien $\xi, \xi + h \in G$ sodass auch ihre Verbindungsstrecke S in G liegt. Dann $\exists \theta \in (0,1)$ sodass $f(\xi + h) - f(\xi) = Df(\xi + \theta h) \cdot h$

Abbildung 19: MWS

<u>Beweis:</u> [Anwenden des eindimensionalen Satzes und der Kettenregel]

Sei $\varphi(t) := f(\xi + th)\ t \in [0,1]$ (φ ist f über S)

$\overset{\text{Kettenregel}}{\Longrightarrow} \varphi$ differenzierbar auf $(0,1)$, stetig auf $[0,1]$

$\overset{\text{MWS}}{\Longrightarrow} \exists \theta \in (0,1): \; \varphi(1) - \varphi(0) = \varphi'(\theta)$

$\Rightarrow f(\xi + h) - f(\xi) = Df(\xi + th) \cdot \|h\| \; \square$

Satz: Mittelwertsatz für vektorwertige Funktionen

$G \subseteq \mathbb{R}^n$ offen, $f: G \to \mathbb{R}^m$ stetig differenzierbar auf G und $\xi, \xi+h \in G$ sodass ihre Verbindungsstrecke S in G liegt.

Dann $\exists M \geq 0$ sodass $\|f(\xi+h) - f(\xi)\| \leq M \cdot \|h\|$. Dabei gilt $M = \max\{|D_j f_j(x)| \mid x \in S, \, 1 \leq i \leq n, \, 1 \leq j \leq m\}$

Korollar: Ableitung = 0 $\Rightarrow$ Funktion konstant

Sei $G = B_r(x_0)$ und $f: G \to \mathbb{R}^m$ differenzierbar mit $Df(\xi) = 0 \; \forall \xi \in G$. Dann ist f konstant auf G.

6.4.2 Satz von Taylor

Sei $G \subseteq \mathbb{R}^2$ offen, $\xi = (\xi_1, \xi_2) \in G$, $h = (h_1, h_2)$ sodass die Strecke $S = \{\xi + th : 0 \leq t \leq 1\}$ ganz in G liegt. Sei $f: G \to \mathbb{R}$ eine $\mathcal{C}^3$-Funktion. Wir betrachten "f über S", d.h. $\varphi: [0,1] \to \mathbb{R}$

$\varphi(t) = f(\xi + th) = f(\xi_1 + th_1, \xi_2 + th_2)$

$\overset{\text{Taylor, 1-d}}{\Longrightarrow} \quad \underbrace{\varphi(1)}_{f(\xi+h)} = \underbrace{\varphi(0)}_{f(\xi)} + \varphi'(0) + \frac{1}{2}\varphi''(0) + R_3(t) \; (\star)$

Übersetzen $(\star)$ in eine Gleichung für f

$\cdot \; \varphi'(t) = Df(\xi + th)h \Rightarrow \varphi'(0) = Df(\xi) \cdot h = \langle grad \, f(\xi), h \rangle$

$\cdot \; \varphi''(t) = \frac{d}{dt}(D_1 f(\xi + th) \cdot h_1 + D_2 f(\xi + th) \cdot h_2) =$

$= D_1^2 f(\xi + th)h_1^2 + D_2 D_1 f(\xi + th)h_2 h_1 + D_2^2 f(\xi + th)h_2^2 + \underbrace{D_1 D_2 f(\xi + th)}_{\overset{\text{Satz von Schwarz}}{=} D_2 D_1 f(\xi+th)} h_1 h_2 =$

$= \left\langle \underbrace{\begin{pmatrix} D_1^2 f & D_2 D_1 f \\ D_2 D_1 f & D_2^2 \end{pmatrix}}_{=H(f)(\xi+th) \text{ die sogenannte Hesse-Matrix}} (\xi + th) \cdot h, h \right\rangle$

genauer: $H_f(\xi) := (D_i D_j f(\xi))_{ij}$

$H_f(\xi)$ ist symmetrisch falls $f \in \mathcal{C}^2$

Insgesamt erhalten wir aus $(\star)$ die Taylorentwicklung von f in ξ:

$f(\xi + th) = f(\xi) + \langle grad \, f(\xi), h \rangle + \frac{1}{2}\langle H_f(\xi) \cdot h, h \rangle + R_3(\xi)$ und es gilt: $\dfrac{R_3(\xi)}{\|\xi\|}$

6.4.3 Der Satz über implizite Funktionen

Theorem: Impliziten-Satz

Sei $G \subseteq \mathbb{R}^2$ offen, $f: G \to \mathbb{R}$ eine $\mathcal{C}^1$-Funktion, $c \in \mathbb{R}$, $\xi = (\xi_1, \xi_2) \in G$ mit $f(\xi) = c$ und $grad \, f(\xi) \neq 0$.

Falls $D_2 f(\xi) \neq 0$, dann $\exists$ Umgebungen U von ξ_1 und V von ξ_2 und $h : U \to V$ sodass h $\mathcal{C}^1$ und eindeutig mit der Eigenschaft

$$f(x,y) = c \Leftrightarrow y = h(x) \, \forall x, y \in U \times V$$

Außerdem gilt

$$h'(x) = \frac{-D_1 f(x, h(x))}{D_2 f(x, h(x))}$$

[Analog für $D_1 f(\xi) \neq 0$ und Auflösen nach x]

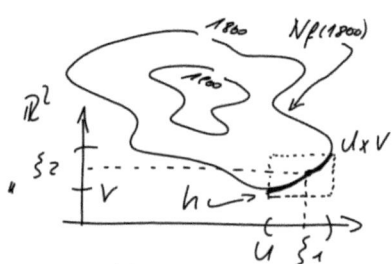

Abbildung 20: Veranschaulichung

6.4.4 Umkehrsatz (Problem der Differenzierbarkeit der Umkehrfunktion)

Theorem: Umkehrsatz

$G \subseteq \mathbb{R}^n$ offen, $f : G \to \mathbb{R}^n$, $f \in \mathcal{C}^1$, $\xi \in G$ mit $Df(\xi)$ invertierbar. Dann gibt es Umgebungen U von ξ und V von $f(\xi)$ sodass $f : U \to V$ bijektiv ist und $f^{-1} : U \to V$ ebenfalls $\mathcal{C}^1$ mit $Df^{-1}(f(x)) = (Df(x))^{-1} \, \forall x \in U$

Diffeomorphismen

Abbildungen wie im Umkehrsatz heißen (lokale) Diffeomorphismen; genauer $f : U \to V$ bijektiv, $f \in \mathcal{C}^1$ mit $\mathcal{C}^1$-Inversen heißt $\mathcal{C}^1$-Diffeomorphismus

6.4.5 Extremwerte

Definition

Ein Punkt $\xi \in G$ heißt lokales Maximum [Minimum], falls $\exists$ Umgebung U von ξ mit $f(x) \leq f(\xi)$ $[f(x) \geq f(\xi)] \forall x \in U \cap G$. Ein Maximum [Minimum] heißt strikt, falls $<$ [$>$] statt $\leq$ [$\geq$] gilt.

Proposition: Notwendige Bedingung für Extrema

Sei $G \subseteq \mathbb{R}^n$ offen, $f : G \to \mathbb{R}$ partiell differenzierbar und $\xi \in G$ ein lokales Extremum. Dann gilt: $grad\, f(\xi) = 0$

Beweis: [Anwenden des eindimensionalen Satzes längs der Koordinatenachse]

$\forall 1 \leq i \leq n$ betrachte $\varphi_i(t) := f(\xi + te_i)$

ξ lokales Extremum für $f \Rightarrow t = 0$ lokales Extremum für φ_i

$\Rightarrow 0 = \varphi_i'(0) = D_i f(\xi) \Rightarrow Df(\xi) = 0 \;\square$

Satz: Hinreichende Bedingung für lokale Extrema

Sei $G \subseteq \mathbb{R}^n$ offen, $f : G \to \mathbb{R}$ eine $\mathcal{C}^2$-Funktion und $\xi \in G$ mit $grad\, f(\xi) = 0$. Dann gilt:

$$H_f(\xi) \text{ positiv definit } \Rightarrow \xi \text{ striktes (lokales) Minimum}$$

$$H_f(\xi) \text{ negativ definit } \Rightarrow \xi \text{ striktes (lokales) Maximum}$$

$$H_f(\xi) \text{ indefinit } \Rightarrow \xi \text{ kein lokales Extremum (man sagt auch Sattel)}$$

Konkrete Berechnung

Für symmetrische (2×2)-Matrizen $A = \begin{pmatrix} a & b \\ b & c \end{pmatrix}$ mit $\triangle = \det(A) = ac - b^2$:

$$A \text{ positiv definit } \Leftrightarrow \triangle > 0,\; a > 0$$

$$A \text{ negativ definit } \Leftrightarrow \triangle > 0,\; a < 0$$

$$A \text{ indefinit } \Leftrightarrow \triangle < 0$$

Beispiel

$f : \mathbb{R}^2 \to \mathbb{R}$, $f(x,y) = yx^2 - y^3 + 6y^2 - 9y$, $grad\, f(x,y) = (2xy,\; x^3 - 3y^2 + 12y - 9)$

kritische Punkte: $x = 0 \Rightarrow y^2 - ay + 3 = 0 \Rightarrow y_{1,2} = 2 \pm \sqrt{4 - 3} = 1,\, 3$ oder $y = 0 \Rightarrow x^2 = 9 \Rightarrow x_{1,2} = \pm 3$

$\Rightarrow \xi_1 = (0,1),\; \xi_2 = (0,3),\; \xi_3 = (3,0),\; \xi_4 = (-3,0)$

Hesse Matrix: $H_f(x,y) = \begin{pmatrix} 2y & 2x \\ 2x & -6y + 12 \end{pmatrix}$

$$H_f(0,1) = \begin{pmatrix} 2 & 0 \\ 0 & 6 \end{pmatrix} \Rightarrow \triangle = 12 > 0, \ a = 2 > 0 \Rightarrow \text{positiv definit} \Rightarrow \text{lokales Minimum in } (0,1)$$

$$H_f(0,3) = \begin{pmatrix} 6 & 0 \\ 0 & -6 \end{pmatrix} \Rightarrow \triangle = -36 < 0, \ a = 6 > 0 \Rightarrow \text{indefinit} \Rightarrow \text{Sattelpunkt in } (0,3)$$

$$H_f(3,0) = \begin{pmatrix} 0 & 6 \\ 6 & 12 \end{pmatrix} \Rightarrow \triangle = -36 < 0 \Rightarrow \text{indefinit} \Rightarrow \text{Sattelpunkt in } (3,0)$$

$$H_f(-3,0) = \begin{pmatrix} 0 & -6 \\ -6 & 12 \end{pmatrix} \Rightarrow \triangle = -36 < 0 \Rightarrow \text{indefinit} \Rightarrow \text{Sattelpunkt in } (-3,0)$$

7 INTEGRATION

7.1 § 1 WEGE UND KURVEN

Definition: Weg

(i) Eine stetige Abbildung $\gamma : \mathbb{R} \supseteq I \to \mathbb{R}^n$ heißt Weg. Ist $I = [a,b]$ und $\gamma(a) = p$ und $\gamma(b) = q$, dann heißt γ Weg von p und q

(ii) Sei $\gamma : I \to \mathbb{R}^n$ ein differenzierbarer Weg, dann heißt $\dot{\gamma}(t) = D\gamma(t)$ Tangentenvektor von γ im Punkt $\gamma(t)$

(iii) Ein $\mathcal{C}^1$-Weg γ heißt regulär, falls $\dot{\gamma}(t) \neq 0 \ \forall t$

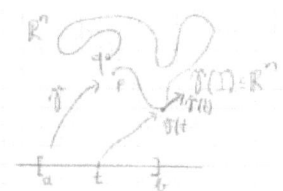

Abbildung 21: Veranschaulichung

Wege vs. Kurve

I, J Intervalle. Ein zulässige Parametertransformation ist eine $\mathcal{C}^1$-Funktion: $\varphi : I \to J$ mit $\varphi'(t) > 0 \ \forall t$. Zwei Wege $\gamma : I \to \mathbb{R}^n$, $\sigma : J \to \mathbb{R}^n$ heißen äquivalent, wenn es eine zulässige Parametertransformation $\varphi : I \to J$ gibt sodass $\sigma \circ \varphi = \gamma$. Wir schreiben dann $\sigma \sim \gamma$. $\sim$ ist eine Äquivalenzrelation auf der Menge der regulären Wege in $\mathbb{R}^n$.

Eine orientierte reguläre Kurve C ist dann definiert als eine Äquivalenzklasse regulärer Wege. Wir nennen jeden Repräsentanten γ von C eine Parametrisierung von C.

Bogenlänge

Sei $\gamma : [a, b] \to \mathbb{R}^n$ ein regulärer Weg, dann heißt $L(\gamma) := \displaystyle\int_a^b \|\dot{\gamma}(t)\| \, dt$ Weglänge von γ

Bogenlänge einer Kurve: $L(C) = L(\gamma)$

Parametrisierung nach der Bogenlänge

Unter allen Parametrisierungen γ einer Kurve C ist eine speziell ausgezeichnet: die mit $\|\dot{\sigma}(t)\| = 1 \; \forall t$. Das wird

dadurch erreicht, dass der "neue Parameter" gleich der Länge der Kurve ist; genauer sei $\gamma : [a, b] \to \mathbb{R}^n$ irgendeine

Parametrisierung von C

$$\varphi^{-1}(t) := \int_a^t \|\gamma(s)\| \, ds$$

$\sigma = \gamma \circ \varphi : [0, L(\gamma)] \to \mathbb{R}^n$

φ ist zulässige Parametertransformation: $(\varphi^{-1})' = \|\dot{\gamma}(t)\| \, dt$

$\varphi'(s) = \dfrac{1}{(\varphi^{-1})'(\varphi(s))} = \dfrac{1}{\|\dot{\gamma}(\varphi(s))\|} \neq 0$ (weil regulär) und es gilt $\dot{\sigma}(s) = (\gamma \overset{\cdot}{\circ} \varphi)(s) = \dot{\gamma}(\varphi(s))\varphi'(s) =$

$\dfrac{\dot{\gamma}(\varphi(s))}{\|\dot{\gamma}(\varphi(s))\|} \Rightarrow \|\dot{\sigma}(s)\| = 1$

7.2 § 2 Kurvenintegrale

Definition: Wegintegral

Sei $G \subseteq \mathbb{R}^n$ offen, $v : G \to \mathbb{R}^n$ ein stetiges Vektorfeld auf G, $\gamma : [a, b] :\to \mathbb{R}^n$ ein $\mathcal{C}^1$-Weg mit $\gamma([a, b]) \subseteq G$. Dann

heißt

$$\int_\gamma v := \int_a^b \langle v(\gamma(t)) \mid \dot{\gamma}(t) \rangle \, dt$$

Wegintegral von v längs γ

Beispiel

$G = \mathbb{R}^2$, $v(x, y) = (y, x)$, $\gamma : \left[0, \dfrac{\pi}{4}\right] \to \mathbb{R}^2$, $\gamma(t) = \begin{pmatrix} \cos(t) \\ \sin(t) \end{pmatrix}$

$\displaystyle\int_\gamma v = \int_0^{\frac{\pi}{4}} \langle v(\gamma(t)) \mid \dot{\gamma}(t) \rangle \, dt = \int_0^{\frac{\pi}{4}} \left\langle \begin{pmatrix} \sin(t) \\ \cos(t) \end{pmatrix} \middle| \begin{pmatrix} -\sin(t) \\ \cos(t) \end{pmatrix} \right\rangle \, dt = \int_0^{\frac{\pi}{4}} \underbrace{(\cos^2(t) - \sin^2(t))}_{=\cos(2t)} \, dt =$

$= \dfrac{1}{2} \sin(2t) \Big|_0^{\frac{\pi}{4}} = \dfrac{1}{2}$

Eigenschaften des Wegintegrals

- $\left| \displaystyle\int_\gamma v \right| \leq \max_{a \leq t \leq b} \|v(\gamma(t))\| \cdot L(\gamma)$

- Das Wegintegral ist invariant unter zulässigen Parametertransformationen: $\displaystyle\int_{\gamma \circ \varphi} v = \int_\gamma$

Daher kann man stetige Vektorfelder längs Kurven integrieren, d.h. Sei c eine Kurve mit $(\mathcal{C}^1-)$Parametrisierung $\gamma : [a,b] \to \mathbb{R}^n$ dann ist $\int_c v := \int_\gamma v$ wohldefiniert und wir sprechen vom Kurvenintegral von v über c

Definition: Gradientenfeld

Sei v ein Vektorfeld auf $G \subseteq \mathbb{R}^n$, offen. Falls $\exists \psi : G \to \mathbb{R}$ mit $grad\ \psi = v$ dann sagen wir v ist ein Gradientenfeld auf ψ ist eine Stammfunktion von v

Gebiet

Sei G offen und wegzusammenhängend, d.h. $\exists x, y \in G \ \exists$ (stetiger) Weg von x nach y in G, dann nennen wir G ein Gebiet.

Abbildung 22: wegzusammenhängend vs. nicht wegzusammenhängend

Stammfunktion

Auf einem Gebiet unterschieden sich je 2 Stammfunktionen um eine Konstante

$grad(\psi + c) = grad(\psi) = v$

$grad(\varphi - \psi) = grad\ \varphi - grad\ \psi = v - v = 0$

Satz: Gradientenfelder haben wegunabhängige Integrale

Sei $G \subseteq \mathbb{R}^n$ ein Gebiet, v ein stetiges Gradientenfeld auf G mit Stammfunktion φ. Dann gilt $\forall p, q \in G$ und alle $\mathcal{C}^1$-Wege γ von p nach q, die ganz in G verlaufen

$$\int_\gamma v = \varphi(q) - \varphi(p)$$

$\int_\gamma v$ hängt nicht von γ ab, daher sagt man: v hat wegunabhängige Integrale

<u>Beweis:</u>

Sei $\gamma : [a,b] \to \mathbb{R}^n$ wie oben. Definiere $F : [a,b] \to \mathbb{R}$ als $F = \varphi \circ \gamma$

$$\Rightarrow F'(t) = (\varphi \circ \gamma)'(t) \overset{KR}{=} \langle grad\ \varphi(\gamma(t)) \mid \dot{\gamma}(t)\rangle = \langle v(\gamma(t)) \mid \dot{\gamma}(t)\rangle\ (\star)$$

$$\int_\gamma v \overset{Def}{=} \int_a^b \langle v(\gamma(t)) \mid \dot{\gamma}(t)\rangle\, dt \overset{(\star)}{=} \int_a^b F'(t)\, dt \overset{HsDI}{=} F(b) - F(a) \overset{Def}{=} \varphi(\gamma(b)) - \varphi(\gamma(a)) = \varphi(q) - \varphi(p)\ \square$$

Geschlossene Wege

Ein Weg $\gamma : [a, b] \to \mathbb{R}^n$ heißt geschlossen, falls $\gamma(a) = \gamma(b)$. Hat v wegunabhängige Integrale, dann ist das Wegintegral über jeden geschlossenen Weg = 0

$$\oint_\gamma v = 0$$

Umgekehrt kann man zeigen, dass falls $\oint_\gamma v = 0$ für alle geschlossenen Wege $\gamma \Rightarrow v$ hat wegunabhängige Integrale

Abbildung 23: Veranschaulichung

Satz: Vektorfeld mit wegunabhängigen Integralen sind Gradientenfelder

Sei $G \subseteq \mathbb{R}^n$ Gebiet und v stetiges Vektorfeld aus G mit wegunabhängigen Integralen. Dann $\exists \varphi : G \to \mathbb{R} \in \mathcal{C}^1$ mit $grad\ \varphi = v$, d.h. v ist Gradientenfeld.

Konstruktion einer Stammfunktion:

- fixiere $p \in G$ beliebig
- für $x \in G$ wähle einen beliebigen Weg γ_x von p nach x (ganz in G)
- setze $\varphi(x) = \displaystyle\int_{\gamma_x} v$

Abbildung 24: Stammfunktion

funktioniert weil v wegunabhängige Integrale hat

Integrabilitätsbedingungen

$G \subseteq \mathbb{R}^n$ ein Gebiet, $v \in \mathcal{C}^1$ Gradientenfeld auf G mit Stammfunktion φ

$$D_j v_k = D_j D_k \varphi \overset{Schwarz}{=} D_k D_j \varphi = D_k v_j$$

d.h. jedes $\mathcal{C}^1$-Gradientenfeld erfüllt die sogenannte Integrabilitätsbedingung

$$D_j v_k = D_k v_j \ \forall 1 \leq j, k \leq n$$

Definition: sternförmig

Eine Menge $M \subseteq \mathbb{R}^n$ heißt sternförmig, falls $\exists p \in M : \forall x \in M$ liegt die Verbindungsgerade von p nach x in M

Abbildung 25: sternförmig

Satz

Sei $G \subseteq \mathbb{R}$ ein sternförmiges Gebiet und sei r ein $\mathcal{C}^1$-Vektorfeld auf G. Dann gilt

$$v \text{ ist Gradientenfeld} \Leftrightarrow v \text{ erfüllt die Integrabilitätsbedingungen}$$

Zusammenfassung der Situation

v stetiges Vektorfeld auf Gebiet G

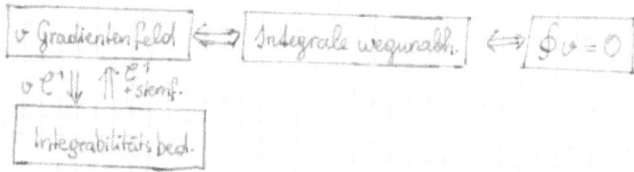

Abbildung 26: Äquivalenzen

Praktische Bestimmung einer Stammfunktion

Sei v in $\mathcal{C}^1$-Vektorfeld auf G:

(i) Flussdiagramm zur Klärung der Situation

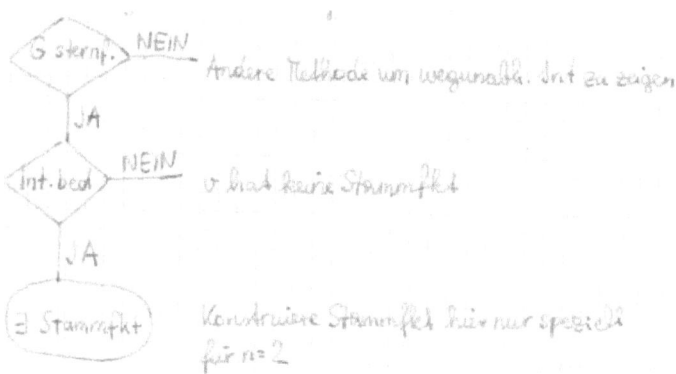

Abbildung 27: Schema zur Bestimmung einer Stammfunktion

(ii) Explizite Konstruktion einer Stammfunktion für $n = 2$

$v(x, y) = (v_1(x, y), v_2(x, y))$ und wissen $D_1 v_2 = D_2 v_1$

1. Schritt:

Ansatz: $\varphi(x, y) := \int v_1(x, y)\, dx + h(y)\ [D_1 \varphi = v_1]$

2. Schritt:

$v_2(x, y) \stackrel{!}{=} \partial_y \varphi(x, y) = \int \partial_y v_1(x, y)\, dx + h'(y) \Rightarrow h'(y) = v_2(x, y) - \int \partial_y v_1(x, y)\, dx$

Dann ist h mittels Integration zu berechnen

(iii) Beispiel: $v(x, y) = (3x^2 y, x^3)\ \ G = \mathbb{R}^2$

G ist sternförmig ✓

Integrabilitätsbedingungen: $D_2 v_1 = 3x^2 = D_1 v_2$ ✓

Ansatz: $\varphi(x, y) = \underbrace{\int v_1(x, y)\, dx}_{3\frac{x^3}{3} y = x^3 y} + h(y) = x^3 y + h(y)$

$v_2 \stackrel{!}{=} x^3 = \partial_y \varphi(x, y) = x^3 + h'(y) \Rightarrow h'(y) = 0$

Setze $h(y) = 0 \Rightarrow \varphi(x, y) = x^3 y$

Probe: $D_1 \varphi = 3x^2 y$ ✓ und $D_2 \varphi = x^3$ ✓

7.3 § 3 MEHRFACHINTEGRALE

Grundidee: Volumen unter dem Graphen einer Funktion

$W = [a,b] \times [c,d], \; f : W \to \mathbb{R}, \; f \geq 0$

Betrachten den 3D-Bereich $K := \{(x,y,z) \in \mathbb{R}^3 \mid (x,y) \in W, \; 0 \leq z \leq F(x,y)\}$

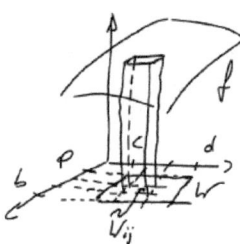

Abbildung 28: Volumen

Eine Möglichkeit das Volumen K näherungsweise zu berechnen besteht darin, Summen von Quadervolumina über kleinen Teilbereichen von W (W_{ij}) zu betrachten. Auf einer Zerlegung in Teilrechtecke der W_{ij} definiert man

$$m_{ij} = \inf\{f(x,y) \mid (x,y) \in W_{ij}\}$$

$$M_{ij} := \sup\{f(x,y) \mid (x,y) \in W_{ij}\}$$

Dann gilt $\underbrace{\sum_{i,j} m_{ij} \cdot \text{Fläche } W_{ij}}_{\text{Untersumme}} \leq Vol(K) \leq \underbrace{\sum_{i,j} M_{ij} \cdot \text{Fläche } W_{ij}}_{\text{Obersumme}}$

Integral über n-dimensionalen Intervallen

(i) Seien $a_l < b_l$ $(1 \leq l \leq n)$, dann heißt $I := [a_1,b_1] \times [a_2,b_2] \times \ldots \times [a_n,b_n]$ kompaktes n-dimensionales Intervall

$|I| := (b_1 - a_1) \cdot (b_2 - a_2) \cdot \ldots \cdot (b_n - a_n)$ heißt Inhalt von I

(ii) Eine Zerlegung von I ist definiert als ein Produkt $Z_1 \times \ldots \times Z_n$ wobei Z_j eine Zerlegung von $[a_j, b_j]$ ist und

$$I = \bigcup_{k=1}^{n} I_k$$

(iii) Sei f eine beschränkte Funktion: $I \to \mathbb{R}$. Setzen $M_k := \inf\{f(x) \mid x \in I_k\}$, $M_i := \sup\{f(x) \mid x \in I_k\}$ und bezeichnen $U(f,Z) := \sum_{k=1}^{n} m_k |I_k|$, $O(f,Z) := \sum_{k=1}^{n} M_i |I_i|$ als Untersumme und Obersumme von f bezüglich Z

(iv) Definieren das Ober- und Unterintegral von f über I als

$$\int_{I*} f(x)\,dx = \sup_Z U(f,Z)$$

$$\int_I^* f(x)\,dx = \inf_Z O(f,Z)$$

Offensichtlich gilt: $\int_{I*} f \leq \int_I^* f$

(v) $f : I \to \mathbb{R}$ beschränkt heißt integrierbar falls $\int_{I*} f = \int_I^* f$ gilt. Wir definieren dann das Integral von f über I als $\int_I f(x)\,dx = \int_I^* f(x)\,dx = \int_{I*} f(x)\,dx$

Eigenschaften des Integrals

- Linearität: f, g integrierbar, $\lambda \in \mathbb{R} \Rightarrow f + g$, λf integrierbar und $\int_I (f+g) = \int_I f + \int_I g$, $\int_I (\lambda f) = \lambda \int_I f$

- Monotonie: f, g integrierbar, $f \leq g \Rightarrow \int_I f \leq \int_I g$

  insbesondere gilt: $f \geq 0 \Rightarrow \int_I f \geq 0$ und $|f| \leq M \Rightarrow \int_I f \leq M|I|$

Iterierte Integrale und der Satz von Fubini

(i) Fragestellung: $J := [a,b]$, $K := [c,d]$, $I := J \times K$, $f : I \to \mathbb{R}$ integrierbar

Wie kann man $\int_I f$ konkret ausrechnen?

(ii) Die Idee: Zurückführen auf nacheinander ausgeführte 1-dimensionale Integrale

Seien $J = \bigcup_{i=1}^M J_i$ und $K = \bigcup_{j=1}^N K_j$ Zerlegungen in Teilintervalle. Dann ist $I = \bigcup_{i,j} J_i \times K_j$. Setze

$$m_{ij} := \inf\{f(x,y) \mid (x,y) \in J_i \times K_j\}$$

$$M_{ij} := \sup\{f(x,y) \mid (x,y) \in J_i \times K_j\}$$

Es gilt $\forall (x,y) \in J_i \times K_j : m_{ij} \leq f(x,y) \leq M_{ij}$

$\overset{\text{Int über } J_i \text{ bzgl. } x}{\Longrightarrow} m_{ij}|J_i| \leq \int_{J_{i*}} f(x,y)\,dx \leq \int_{J_i}^* f(x,y)\,dx \leq M_{ij}|J_i|$

$\overset{J = \bigcup J_i}{\Longrightarrow} \sum_i m_{ij}|J_i| \leq \sum_i \int_{J_{i*}} f(x,y)\,dx = \int_{J*} f(x,y)\,dx =: F(y)$ und $G(y) = \int_j^* f(x,y)\,dx \leq \sum_i M_{ij}|J_i|$

$\overset{\text{Int über } K_j \text{ bzgl. } y}{\Longrightarrow} \sum_i m_{ij} \underbrace{|J_i| \cdot |K_j|}_{|J_i \times K_j|} \leq \int_{K_{j*}} \underbrace{\left(\int_{J*} f(x,y)\,dx \right)}_{F(y)} dy$ und

$$\int_{K_j}^{*} \underbrace{\left(\int_J^{*} f(x,y)\, dx \right)}_{G(y)} dy \le \sum_i M_{ij} \underbrace{|J_i| \cdot |K_j|}_{|J_i \times K_j|}$$

$$\overset{\text{Summation über } i}{\Longrightarrow} \underbrace{\sum_{i,j} m_{ij} |J_i \times K_j|}_{U(f,Z)} \le \int_{K_*} \left(\int_{J_*} f(x,y)\, dx \right) dy \le \int_K^{*} \left(\int_J^{*} f(x,y)\, dx \right) dy \le \underbrace{\sum_{i,j} M_{ij} |J_i \times K_j|}_{O(f,Z)}$$

$$U(f,Z) \overset{\sup Z}{\longrightarrow} \int_{J \times K_*} f(x,y)\, d(x,y) \overset{f \text{ integrierbar}}{=} \int_{J \times K}^{*} f(x,y)\, d(x,y) \overset{\inf Z}{\longleftarrow} O(f,Z)$$

Daraus ergibt sich

$$\int_{J \times K} f(x,y)\, d(x,y) = \int_K \left(\int_J f(x,y)\, dx \right) dy = \int_J \left(\int_K f(x,y)\, dy \right) dx$$

(iii) Allgemeiner gilt im $\mathbb{R}^n$ der Satz von Fubini:

Sei J ein m-dimensionales kompaktes Intervall, K ein n-dimensionales kompaktes Intervall und sei $f : J \times K \to \mathbb{R}$ integrierbar. Dann gilt

$$\int_{J \times K} f(x,y)\, d(x,y) = \int_J \left(\int_K f(x,y)\, dy \right) dx = \int_K \left(\int_J f(x,y)\, dx \right) dy$$

(iv) Daraus ergibt sich für $I = [a_1, b_1] \times [a_2, b_2] \times \ldots \times [a_n, b_n]$ und f integrierbar auf I
$\int_I f(x)\, dx = \int_{a_n}^{b_n} \left(\int_{a_{n-1}}^{b_{n-1}} \ldots \int_{a_1}^{b_1} f(x_1, x_2, \ldots, x_n)\, dx_1 \right) \ldots \right) dx_n$ wobei die Reihenfolge der Integration beliebig gewählt werden kann

(v) Beispiel: $I = [0,1]^3$, $f(x,y,z) = xyz$, $f : I \to \mathbb{R}$
$$\int_I f(x,y,z)\, d(x,y,z) = \int_0^1 \int_0^1 \int_0^1 xyz\, dx\, dy\, dz = \int_0^1 \int_0^1 \frac{x^2}{2} yz \Big|_0^1 dy\, dz = \frac{1}{2} \int_0^1 \int_0^1 yz\, dy\, dz =$$
$$= \frac{1}{2} \int_0^1 \frac{y^2}{2} z \Big|_0^1 dz = \frac{1}{4} \int_0^1 z\, dz = \frac{1}{4} \frac{z^2}{2} \Big|_0^1 = \frac{1}{8}$$

Integrale über allgemeine Bereiche

(i) Motivation: Integralbegriff auf allgemeiner $B \subseteq \mathbb{R}^n$ ausdehnen

(ii) Sei $B \subseteq \mathbb{R}^n$ beschränkt d.h. $\exists R \ B \subseteq B_R(0) = \{x \in \mathbb{R}^n : \|x\| < R\} \Rightarrow \exists$ n-dimensionales kompaktes Intervall I mit $B \subseteq I$

Für $f : B \to \mathbb{R}$ definieren wir $f_B := \begin{cases} f(x) & x \in B \\ 0 & x \in I \backslash B \end{cases}$.

Damit ist f_B auf I definiert und f_B beschränkt $\Leftrightarrow$ f beschränkt

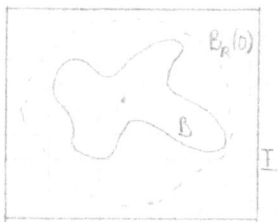

Abbildung 29: Veranschaulichung

Es ist leicht zu sehen, dass die Definition nicht von I abhängt, daher definieren wir weiters

$$\int_B f(x)\,dx := \int_I f_B(x)\,dx$$

(iii) Die Rolle von B: Ob einer Funktion f über B integrierbar ist, hängt sowohl von f als auch von B ab! Klarerweise ist man an B's interessiert, die nicht zerfranst sind, also solchen auf denen die Funktion = 1 integrierbar ist, bzw. solche wo die charakteristische Funktion X_B integrierbar ist.

(iv) Definition: Eine nicht-leere, beschränkte Menge $B \subseteq \mathbb{R}^n$ heißt Jordan-messbar falls 1 integrierbar auf B ist oder was dasselbe ist X_B integrierbar auf jeden $I \supseteq B$, I n-dimensionales kompaktes Intervall. In diesem Fall nennen wir

$$|B| := \int_B 1\,dx$$

den Jordan-Inhalt von B

(v) Wie hässlich kann B werden?

$B \subseteq \mathbb{R}^n$ beschränkt, dann gilt B Jordan-messbar $\Leftrightarrow$ ∂B ist Jordan-Nullmenge $\Leftrightarrow$ $\forall \varepsilon > 0$ $\exists$ endlich viele kompakte Intervalle $I_1, \ldots, I_n$ mit $\partial B \subseteq I_1 \cup \ldots \cup I_n$ und $\sum_{i=1}^{n} |I_i| < \varepsilon$

(vi) Eigenschaften des Integrals: $B \subseteq \mathbb{R}^n$, Jordan-messbar, f integrierbar auf B. Dann hat $\int_B f$ die Eigenschaften:

- linear

- Monotonie

- MWS-Integralrechnung falls $\exists m, M$ mit $m \leq f(x) \leq M$ $\forall x \in B$ und $m|B| \leq \int_B f \leq M|B|$

- A messbar, $A \cap B = \emptyset$, f integrierbar auf A, B: $\int_{A \cup B} f = \int_A f + \int_B f$

- B kompakt und messbar, f stetig: $B \to \mathbb{R} \Rightarrow f$ integrierbar auf B

Inhalt unter dem Graphen einer Funktion

(i) Fragestellung: $B \subseteq \mathbb{R}^n$ messbar, $f : B \to \mathbb{R}$ integrierbar, $f \geq 0$. Betrachten Menge "unter" dem Graphen, die sogenannten Ordinatenmenge $K(f) = \{(x, s) \in B \times \mathbb{R} \mid 0 \leq s \leq f(x)\} \subseteq \mathbb{R}^{n+1}$

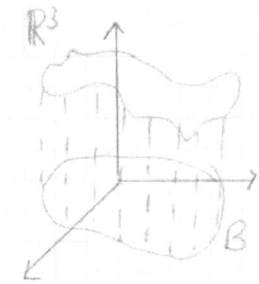

Abbildung 30: Veranschaulichung

(ii) Satz: $|K(f)| = \int_B f$

(iii) Beispiel: Kreisscheibe

$B = [-r, r],\ r > 0,\ f(x) = \sqrt{r^2 - x^2}$

$$|K(f)| = \int_B \sqrt{r^2 - x^2}\, dx = [\text{Substitution } x = r \cdot \sin(t)] = \frac{r^2 \pi}{2}$$

Prinzip von Cavalieri

(i) Idee: $B \subseteq \mathbb{R}^n$ messbar, $\forall x = (x_1, \ldots, x_n) \in B$ gilt $a \leq x_1 \leq b$. Bezeichne für $\xi \in [a, b]$

$B_\xi = \{(x_2, \ldots, x_n \mid (\xi, x_2, \ldots, x_n) \in B\},\ q(\xi) := |B_\xi|$

Inhalt von B mittels "Salamitaktik" ausrechnen, d.h. $q(\xi)$ aufintegrieren

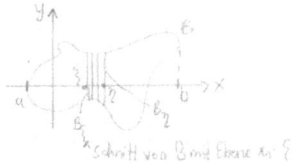

Abbildung 31: Prinzip von Cavalieri

(ii) *Satz: Prinzip von Cavalieri*

$$|B| = \int_a^b q(\xi)\,d\xi$$

Beweis:

Sei J ein $(n-1)$-dimensionales kompaktes Intervall, sodass $B \subseteq [a,b]x$. Dann gilt

$$|B| = \int_B 1\,dx = \int_{[a,b]x} X_B(x)\,dx \stackrel{\text{Fubini}}{=} \int_a^b \left(\int_J X_B(\xi, x_2, \dots, x_n)\,d(x_2, \dots, x_n) \right) d\xi \quad (\star)$$

Es gilt

$$X_B(\xi, x_2, \dots, x_n) = \begin{cases} 1 & (x_2, \dots, x_n) \in B_\xi \\ 0 & (x_2, \dots, x_n) \notin B_\xi \end{cases} = X_{B_\xi}(x_2, \dots, x_n) \quad (\star\star)$$

Somit

$$|B| \stackrel{(\star),(\star\star)}{=} \int_a^b \left(\underbrace{\int_J X_{B_\xi}(x_2, \dots, x_n)\,d(x_2, \dots, x_n)}_{\int_{B_\xi} 1\,d(x_2, \dots, x_n) = |B_\xi| = q(\xi)} \right) d\xi = \int_a^b q(\xi)\,d\xi \quad \square$$

(iii) Beispiel: Kugel

$$B = \{(x,y,z) \in \mathbb{R}^3 : \sqrt{x^2 + y^2 + z^2} \leq r\},\ r > 0$$

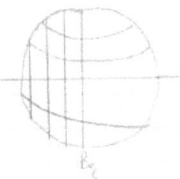

Für $-r < \xi < r$ ist B_ξ eine Kreisscheibe vom Radius $\sqrt{r^2 - \xi^2}$

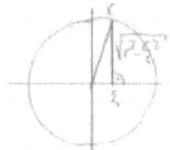

$$|B_\xi| = q(\xi) = (r^2 - \xi^2)\pi$$
$$|B| = \int_{-r}^{r} (r^2 - \xi^2)\pi \, d\xi = \pi \left(r^2\xi - \frac{\xi^3}{3} \right)\Big|_{-r}^{r} = \pi \left(r^3 - \frac{r^3}{3} + r^3 - \frac{r^3}{3} \right) = \frac{4\pi}{3}r^3$$

Substitutionsregel für Mehrfachintegrale

(i) Problemstellung: Ein wesentliches Werkzeug der 1-dimensionalen Integralrechnung ist die Substitutionsmethode. Auch die mehrdimensionale Integralrechnung kommt nicht ohne eine analoge Methode aus

(ii) Theorem: Substitutionsregel

Sei $U \subseteq \mathbb{R}^n$ offen, $\Phi : U \to \mathbb{R}^n$ eine injektive $\mathcal{C}^1$-Funktion mit $det \, D\Phi(u) \neq 0 \, \forall u \in U$. Für $K \subseteq U$ kompakt und messbar und $f : \Phi(K) \to \mathbb{R}$ stetig, dann gilt

$$\int_{\Phi(K)} f(x) \, dx = \int_K f(\Phi(u)) \cdot |det \, D\Phi(u)| \, du$$

(iii) Beispiel: Polarkoordinaten

$$\Phi(r, \varphi) = \begin{pmatrix} r\cos(\varphi) \\ r\sin(\varphi) \end{pmatrix}, \quad D\Phi(r, \varphi) = \begin{pmatrix} \cos(\varphi) & -r\sin(\varphi) \\ \sin(\varphi) & r\cos(\varphi) \end{pmatrix}, \quad det \, D\Phi(r, \varphi) = r$$

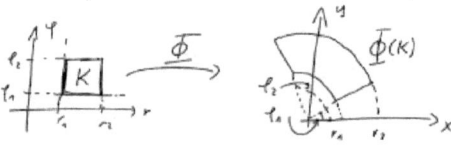

Für jedes Rechteck $K = \{(r, \varphi) \mid r_1 \leq r \leq r_2, \, \varphi_1 \leq \varphi \leq \varphi_2\}$ mit $0 < r$, $0 < \varphi_1$, $\varphi_2 < 2\pi$ und allgemeiner für jede kompakte Menge $M \subseteq K$ gilt:

$$\int_{\Phi K} f(x, y) \, d(x, y) = \int_K f(r\cos(\varphi), r\sin(\varphi)) r \, d(r, \varphi) \overset{\text{nur für Rechtecke}}{=} \int_{\varphi_1}^{\varphi_2} \int_{r_1}^{r_2} f(r\cos(\varphi), r\sin(\varphi)) r \, dr \, d\varphi$$

z.B. Kreissektor mit Winkel α, Radius R

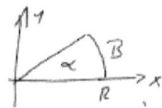

$B = \Phi(K)$ mit $K = [0, R] \times [0, \alpha]$

$$|B| = \int_{\Phi(K)} 1 \, d(x, y) = \int_K r \, d(r, \varphi) = \int_0^\alpha \int_0^R r \, dr \, d\varphi = \int_0^\alpha \left. \frac{r^2}{2} \right|_0^R d\varphi = \left. \frac{R^2}{2} \right|_0^\alpha d\varphi = \frac{R^2}{2} \alpha$$

(iv) Beispiel: Ellipsenfläche

$$B = \left\{ (x, y) \mid \frac{x^2}{a^2} + \frac{y^2}{b^2} \leq 1 \right\}, \ a > b > 0$$

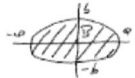

Setze $\Phi(r, \varphi) = r \begin{pmatrix} a \cos(\varphi) \\ b \sin(\varphi) \end{pmatrix}$, $B = \Phi([0, 1] \times [0, 2\pi])$, $\det D\Phi(r, \varphi) = abr$

$$|B| = \int_B 1 \, d(x, y) = \int_{\Phi(B)} |\det D\Phi(r, \varphi)| \, d(r, \varphi) = \int_0^{2\pi} \int_0^1 abr \, dr \, d\varphi = ab \frac{1}{2} 2\pi = ab\pi$$

(vi) Beispiel: Kugelkoordinaten

$$\Phi(r, \varphi, \theta) = \begin{pmatrix} r \cos(\varphi) \sin(\theta) \\ r \sin(\varphi) \cos(\theta) \\ r \cos(\theta) \end{pmatrix} \quad D\Phi(r, \varphi, \theta) = \begin{pmatrix} \cos(\varphi) \sin(\theta) & -r \sin(\theta) \sin(\varphi) & r \cos(\varphi) \cos(\theta) \\ \sin(\varphi) \sin(\theta) & r \sin(\theta) \cos(\varphi) & r \sin(\varphi) \cos(\theta) \\ \cos(\theta) & 0 & -r \sin(\theta) \end{pmatrix}$$

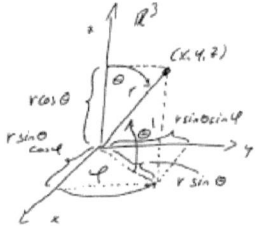

Für jedes Rechteck $K = [r_1, r_2] \times [\varphi_1, \varphi_2] \times [\theta_1, \theta_2]$ mit $0 < r_1 < r_2$, $0 < \varphi_1 < \varphi_2 < 2\pi$, $0 < \theta_1 < \theta_2 < \pi$

bzw. allgemeiner für $K \subseteq U$ kompakt und messbar gilt:

$$\int_{\Phi(K)} f(x, y, z) \, d(x, y, z) = \int_K f(r \cos\varphi \sin\theta, r \sin\varphi \sin\theta, r \cos\theta) r^2 \sin\theta \, d(r, \varphi, \theta) \overset{\text{nur falls Rechteck}}{=}$$

$$\int_{\varphi_1}^{\varphi_2} \int_{\theta_1}^{\theta_2} \int_{r_1}^{r_2} f(r \cos\varphi \sin\theta, r \sin\varphi \sin\theta, r \cos\theta) r^2 \sin\theta \, dr \, d\theta \, d\varphi$$

z.B. Kugelvolumen

$$B = K_R(0) = \{(x, y, z) \mid x^2 + y^2 + z^2 \leq R^2\} = \Phi([0, R] \times [0, 2\pi] \times [0, \pi]), \ R > 0$$

$$|B| = \int_B 1 \, d(x, y, z) = \int_0^{2\pi} \int_0^{\pi} \int_0^R r^2 \sin\theta \, dr \, d\theta \, d\varphi = 2\pi \int_0^{\pi} \sin\theta \, d\theta \int_0^R r^2 \, dr =$$

$$= 2\pi \underbrace{-\cos\theta}_{2} \Big|_0^{\pi} \ \frac{R^3}{3} = \frac{4\pi}{3} R^3$$